鱼类遗传育种学实验

主　编　肖亚梅

参编人员（按姓氏笔画排序）

王　石　王　静　文　明

刘少军　刘文彬　刘庆峰

刘锦辉　杨聪慧　张　纯

周　蓉　周　毅　周泽军

屈晓超　顾钱洪　符　文

彭亮跃　舒玉琴　魏泽宏

科学出版社

北京

内 容 简 介

全书包括8篇共73个实验，涵盖了鱼类细胞遗传学和繁殖生物学基础实验，鱼类杂交及选择育种、鱼类倍性操作及鉴定、鱼类单性生殖和性别调控等经典的鱼类遗传育种学实验，还包括鱼类转基因及基因编辑技术、鱼类品质性状检测、鱼类生物信息学分析等新技术。本书实验内容丰富，实用性强。

本书可供水产及相关专业的本科生和研究生学习使用，也可作为相关研究人员和技术人员的参考用书。

图书在版编目（CIP）数据

鱼类遗传育种学实验/肖亚梅主编. —北京：科学出版社，2022.10
ISBN 978-7-03-073207-1

Ⅰ. ①鱼… Ⅱ. ①肖… Ⅲ. ①鱼类—遗传育种—实验 Ⅳ. ① S962-33

中国版本图书馆 CIP 数据核字（2022）第 170714 号

责任编辑：刘　丹　韩书云 / 责任校对：宁辉彩
责任印制：吴兆东 / 封面设计：迷底书装

科学出版社 出版
北京东黄城根北街 16 号
邮政编码：100717
http://www.sciencep.com
北京凌奇印刷有限责任公司 印刷
科学出版社发行　各地新华书店经销

*

2022年10月第 一 版　开本：787×1092　1/16
2024年 1 月第二次印刷　印张：14
字数：358 000
定价：49.00元
（如有印装质量问题，我社负责调换）

前　言

　　鱼类遗传育种是利用生物学方法对鱼类进行遗传选择或改造，实现遗传改良、获得优良新品种，在渔业生产和发展中具有重要地位。本书按照鱼类遗传育种学的基本方法和技术从简单基础到复杂综合，同时注重与细胞学、遗传学、发育生物学、分子生物学等学科的技术交叉与渗透，把经典的遗传育种学实验内容与前沿的新技术有机融合，形成与现代鱼类遗传育种学相配套的实验教学体系；旨在让学生或技术人员能掌握鱼类遗传育种学的基本操作技能和新的实验技术，为独立开展鱼类遗传育种研究和实践奠定扎实的基础。

　　全书包括鱼类细胞遗传学基础实验、鱼类繁殖生物学基础实验、鱼类杂交及选择育种、鱼类倍性操作及鉴定、鱼类单性生殖和性别调控、鱼类转基因及基因编辑技术、鱼类品质性状检测和鱼类生物信息学分析8篇，共73个实验；涵盖了鱼类遗传育种学基础实验和传统育种经典实验，以及鱼类转基因及基因编辑、鱼类生物信息学分析等新技术和新方法，可供不同层次的学生、不同条件的教学单位选择使用。

　　本书由湖南师范大学发育生物学教研组和省部共建淡水鱼类发育生物学国家重点实验室的教师在实验教学和科研实践的基础上集体编写而成的，刘少军院士从选题到书稿的编撰给予了大力指导和支持。本书由刘少军、肖亚梅、张纯、王静、周蓉、刘文彬、舒玉琴、屈晓超、魏泽宏、杨聪慧、彭亮跃、周泽军、顾钱洪、王石、周毅、文明、刘庆峰、刘锦辉、符文执笔，肖亚梅统稿。刘文彬和刘锦辉在本书的排版、校稿等方面做了大量工作。湖南师范大学陶敏教授、海南大学骆剑教授、广东海洋大学王中铎教授、湖南文理学院刘良国教授、上海海洋大学王军副教授等为本书提出了许多宝贵的意见和建议。在此，谨致以诚挚的谢意。

　　由于编者水平有限，书中不当之处在所难免，恳请同行专家和读者对本书批评指正。

编　者

2022年9月

前　言

目　录

第三篇 鱼类杂交及选择育种

第四篇 鱼类倍性操作及鉴定

第五篇 鱼类单性生殖和性别调控

第六篇　鱼类转基因及基因编辑技术

第七篇　鱼类品质性状检测

第八篇　鱼类生物信息学分析

第一篇

鱼类细胞遗传学基础实验

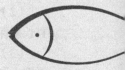

第一章　鱼类染色体制样技术

实验1　胚胎细胞染色体的制备

【实验目的】

（1）了解鱼类胚胎细胞染色体制备的基本原理。

（2）掌握胚胎细胞染色体标本制备技术及观察方法。

【实验原理】

染色体是一切生物遗传、变异、发育和进化的物质基础，对染色体的研究不仅对阐明鱼类的遗传组成、遗传变异规律和发育机制具有重要意义，对预测并鉴定种间杂交和多倍体育种的结果，了解性别遗传机制，确定生物的基因组数目、研究物种起源及相互间亲缘关系、进化地位、分类和种族关系等也具有重要的参考价值。

胚胎细胞具有较高的有丝分裂指数，适合作为制备染色体的材料，染色体标本制备技术在早期胚胎倍性检测中也得到了广泛应用。

【实验用品】

1. 材料

鱼类原肠胚期到尾芽期胚胎。

2. 仪器和用具

体视显微镜、光学显微镜、离心机、离心管、水浴箱、吸管、载玻片、培养皿、酒精灯、镊子等。

3. 试剂

（1）卡诺氏固定液：由甲醇∶冰醋酸＝3∶1配制而成，一般现配现用。

（2）吉姆萨（Giemsa）染液：由吉姆萨原液∶磷酸缓冲液＝1∶10配制而成。染液不宜长期保存，一般是现配现用。

（3）吉姆萨原液：称取0.5g吉姆萨粉放入研钵中，再加入少量的甘油，充分研磨，再倒入剩余的甘油，并在56℃恒温水浴箱中保温2h，再加入33mL甲醇，混匀后过滤，将得到的原液放在棕色瓶中保存，经过数月贮藏的原液比新配制的着色要好。

（4）磷酸缓冲液（pH7.4）：0.01mol/L NaH_2PO_4 与0.01mol/L Na_2HPO_4 等比例混合，一般现配现用。

（5）其他：0.4%胰蛋白酶、0.075mol/L KCl溶液、0.5%秋水仙素、0.8%生理盐水等。

【实验步骤】

1. 取材

对亲本进行人工催产和授精获得受精卵，取原肠胚期到尾芽期胚胎近100枚。

2. 剥膜、去卵黄

用0.4%胰蛋白酶将胚胎去胶膜，剥离去卵黄；或者将受精卵放入培养皿中，加入适量生理盐水，在体视显微镜下用镊子剥去卵膜、卵黄。

3. 低渗、秋水仙素处理

将收集的胚胎碎片用0.075mol/L KCl溶液及0.5%秋水仙素混合处理2～3h。1000r/min离心5min，弃上清，收集沉淀。

4. 三次固定

第一次固定用吸管除去全部上清后，加入4mL新配制的卡诺氏固定液，在4℃条件下固定30min，1000r/min离心5min。第二次固定方法同第一次。第三次固定时弃上清，视底部细胞的多少加入新配制的卡诺氏固定液，并吹打成细胞悬液。

5. 滴片

用吸管吸取固定好的细胞悬液，自高处滴在预冷的干净载玻片上，在酒精灯火焰上过3～4次，然后置于室温下自然晾干。

6. 染色

将完全干燥的染色体玻片用吉姆萨染液染色1～2h，在自来水细流下冲洗背面至水流变清，置于空气中干燥。

7. 镜检

在光学显微镜下观察胚胎染色体（图1-1），采用显微摄像系统进行拍摄。

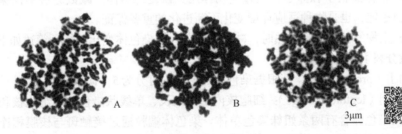

图1-1　鱼类胚胎染色体（张纯等，2011）
A. 二倍体红鲫（$2n=100$）；B. 二倍体鲤（$2n=100$）；C. 二倍体鲫鲤F_1（$2n=100$）

【实验报告】

制作1～2张染色体分散良好、形态适中的有丝分裂中期染色体标本。

【注意事项】

（1）原肠胚期到尾芽期胚胎需通过体视显微镜辅助观察确定。

（2）胰蛋白酶脱膜处理需做预实验，不同厂家的胰蛋白酶效价有差异，需根据胚胎发育速度和胰蛋白酶效价确定其处理的时间。

【思考题】

（1）简述鱼类胚胎细胞染色体的制备过程。

（2）制片过程中低渗、秋水仙素混合处理的时间长短对染色体制片效果有何影响？

参 考 文 献

洪云汉. 1987. 鱼类单个胚胎染色体标本的快速制备法. 淡水渔业，1：35-36.

张纯，刘少军，李涛，等. 2011. 红鲫（♀）×鲤（♂）杂交鱼胚胎染色体组倍性研究. 水产学报，35（9）：1455-1460.

实验 2　生殖细胞染色体的制备

【实验目的】

（1）学习并掌握鱼类生殖细胞染色体的制作技术。

（2）熟悉生殖细胞发生过程中特有的减数分裂各时期的特征及染色体的变化特点，加深对减数分裂意义的认识。

【实验原理】

减数分裂（meiosis）是一种特殊的有丝分裂形式，仅发生在有性生殖细胞（卵细胞和精细胞）形成过程中的一定阶段。在减数分裂过程中DNA复制一次，而细胞连续分裂两次，形成单倍体的精子和卵子，通过受精作用又恢复二倍体。减数分裂不仅保证了生物染色体数目稳定，也是物种适应环境变化不断进化的重要保证。

常规真核生物的性母细胞成熟时，减数分裂各时期染色体变化的特征简述如下。

1. 减数分裂 I （meiosis I ）

1）前期 I （prophase I ）　　根据染色体的形态，可分为5个阶段。

（1）细线期（leptotene stage）：细胞核内出现细长、单线状染色体，细胞核和核仁体积增大。每条染色体含有两条姐妹染色单体。染色体端粒通过接触斑与核膜相连；染色体其他部位以袢环状延伸到核质中，有的物种的接触斑位于细胞核的一侧，染色体呈花束状向核内其他部位延伸。

（2）偶线期（zygotene stage）：细胞内的同源染色体两侧面紧密相连进行配对，这一现象称作联会（synapsis）。同源染色体端粒与核膜相连的接触斑相互靠近并结合，从端粒处开始，这种结合不断向其他部位延伸，直到整对同源染色体的侧面紧密联会。由于配对的一对同源染色体中有4条染色单体，故将其称为四分体（或四联体）。

（3）粗线期（pachytene stage）：染色体进一步浓缩，变粗变短，并与核膜继续保持接触。

（4）双线期（diplotene stage）：重组结束，同源染色体相互分离，仅留几处相互联系、交叉。由于交叉常常不止发生在一个位点，因此染色体可呈现"V""X""8""O"

等各种形状。许多动物在双线期阶段，同源染色体要或多或少地发生去凝集，转录活跃。

（5）终变期（diakinesis stage）：交叉端化，同源染色体之间仅在端部和着丝粒相连。染色体变成紧密凝集状态并向核的周围靠近。

2）中期Ⅰ（metaphaseⅠ）　核仁、核膜消失，各成对的同源染色体（二价体）双双移向细胞中央的赤道板，着丝粒成对排列在赤道板两侧，细胞质中形成纺锤体。此时各染色体处于高度凝集状态。

3）后期Ⅰ（anaphaseⅠ）　由于纺锤丝的牵引，成对的同源染色体各自发生分离，并分别移向两极，每条染色体上仍有两条姐妹染色单体。

4）末期Ⅰ（telophaseⅠ）　到达两极的非同源染色体又聚集起来，有的重现核膜、核仁，然后细胞分裂为两个子细胞。这两个子细胞的染色体数目只有原来的一半。

经过短暂的间期，进入减数分裂Ⅱ。

2. 减数分裂Ⅱ（meiosisⅡ）

1）前期Ⅱ（prophaseⅡ）　次级精母细胞（次级卵母细胞）中染色体又逐渐分散缩短，姐妹染色单体由一个着丝粒相连，清晰可见。

2）中期Ⅱ（metaphaseⅡ）　纺锤体再次出现，染色体整齐地排列在赤道板上。

3）后期Ⅱ（anaphaseⅡ）　每条染色体的着丝粒分裂，姐妹染色单体分离，分别移向细胞两极。

4）末期Ⅱ（telophaseⅡ）　染色体到达两极，然后解螺旋化，核仁、核膜重新出现，每个细胞的细胞质又一分为二，次级精母细胞形成精细胞，次级卵母细胞形成卵细胞和第二极体。

根据生殖周期，一般较易获得雄性动物生殖细胞发生减数分裂的分裂象，无须进行促分裂处理。常规动物的精子发生一般经过精原细胞、初级精母细胞、次级精母细胞和精子细胞阶段，最后发育成成熟的精子。其中，精原细胞的体积最大，它分裂增殖后进入生长期，形成初级精母细胞，初级精母细胞经历较长的减数第一次分裂前期，即细线期、偶线期、粗线期、双线期和终变期，再经过减数第一次分裂中期、后期、末期，形成两个次级精母细胞，次级精母细胞存在的时间极短，很快进行减数第二次分裂，产生两个精子细胞，精子细胞经过一系列形态变化，成为成熟的精子。

【实验用品】

1. 材料

鱼的精巢。

2. 仪器和用具

光学显微镜、离心机、解剖盘、载玻片、酒精灯、吸管、镊子、剪刀、培养皿、离心管等。

3. 试剂

卡诺氏固定液、吉姆萨染液、0.8%生理盐水、0.05mol/L KCl溶液等。

麻醉剂（间氨基苯甲酸乙酯，即MS-222）：取2g MS-222粉末，溶于1L的实验用水中，适当搅拌溶解得到浓度为2000mg/L的麻醉剂母液，于4℃避光保存。

【实验步骤】

1. 取材

按2~4mg/kg的剂量用麻醉剂将鱼麻醉处理后，剪鳃放血5~10min，取出精巢组织并将其置于盛有0.8%生理盐水的培养皿中。用剪刀剪碎材料，移于离心管中，吹打3~5min。静置10min后，去沉淀，然后1000r/min离心5min，弃上清液。

2. 低渗

将收集的细胞沉淀在0.05mol/L KCl溶液中低渗60~120min后，1000r/min离心5min，收集沉淀。

3. 固定

操作方法同实验1。

4. 滴片

操作方法同实验1。

5. 染色

操作方法同实验1。

6. 镜检

取染色后晾干的标本，先用低倍镜观察，选择初级精母细胞的细线期、粗线期、终变期、中期Ⅰ等时期，在高倍镜下仔细观察，计数终变期或中期Ⅰ细胞二价体的数目（图2-1）。

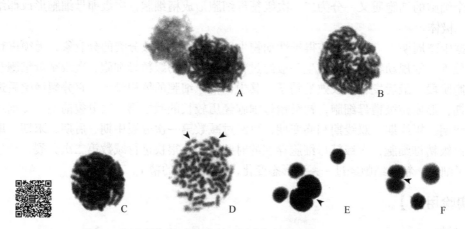

图2-1 鲤生精细胞减数分裂不同时期的染色体图（Zhu et al.，2021）

A. 细线期；B. 粗线期；C. 终变期；D. 减数分裂中期Ⅰ，箭头指二价体；E. 减数分裂末期Ⅰ（箭头所指）；
F. 减数分裂末期Ⅱ（箭头所指）

【实验报告】

（1）根据观察结果，描述减数分裂各时期染色体特征，选择2~3个时期绘图。

（2）计数终变期或中期Ⅰ细胞二价体的数目，每人计数5个细胞。

【注意事项】

避开繁殖季节取材，获得的分裂象多态性更好。

【思考题】

（1）已知二倍体红鲫细胞有100条染色体，在减数分裂终变期或中期Ⅰ有多少二价体？

（2）为什么难以获得次级精母细胞减数分裂象？

（3）依据实验目的，讨论制备减数分裂象是否需要预先用秋水仙素处理。

参 考 文 献

翟中和，王喜忠，丁明孝. 2011. 细胞生物学. 4版. 北京：高等教育出版社.

张纯，刘少军，孙远，等. 2008. 远缘杂交形成的二倍体鱼和多倍体鱼生殖细胞染色体研究. 分子细胞生物学报，41（1）：53-60.

张耀光，金丽，王志坚，等. 2019. 长江上游鱼类生殖形态学. 北京：科学出版社.

Tsai J H, McKee B D. 2011. Homologous pairing and the role of pairing centers in meiosis. Journal of Cell Science, 124(12): 1955-1963.

Zhang C, He X X, Liu S J, et al. 2005. Chromosome pairing in meiosis I in allotetraploid hybrids and allotriploid crucian carp. Acta Zoologica Sinica, 51(1): 89-94.

Zhu L, He W C, Zhang H, et al. 2021. Unconventional meiotic process of spermatocytes in male *Cyprinus carpio*. Reproduction and Breeding, 1(1): 40-47.

实验3　肾细胞染色体的制备

【实验目的】

（1）学习并掌握鱼类肾细胞染色体标本的制作技术。

（2）观察体细胞染色体各时期的特点。

【实验原理】

体细胞的染色体数目和组型是确定鱼类倍性最直观、最可靠的手段。目前最直接、常用的鱼类染色体制作方法是植物血凝素（phytohemagglutinin，PHA）体内诱导肾细胞制片法。要制备出清晰度好、反差好、染色体分散程度适中且有丝分裂象多的标本，实验鱼的培育温度、PHA和秋水仙素的注射剂量及次数、材料的低渗浓度及固定时间等方面都至关重要。鱼的肾，尤其是头肾，含有造血和淋巴组织，该组织中含有相对较多的处于分裂周期中的细胞。

【实验用品】

1. 材料

鱼的肾。

2. 仪器和用具

光学显微镜、离心机、解剖盘、载玻片、酒精灯、吸管、镊子、剪刀、培养皿、离心管等。

3. 试剂

卡诺氏固定液、吉姆萨染液、0.8%生理盐水、0.075mol/L KCl溶液、麻醉剂等。

【实验步骤】

1. 取材

按2～4mg/kg的剂量用麻醉剂将鱼麻醉，剪鳃放血5～10min，取出肾组织并将其置于盛有0.8%生理盐水的培养皿中。用剪刀剪碎材料，移于离心管中，吹打3～5min。静置10min，去沉淀，然后1000r/min离心5min，弃上清液。

2. 低渗

将收集的细胞沉淀在0.075mol/L KCl溶液中低渗60～120min后，1000r/min离心5min，收集沉淀。

3. 固定

操作方法同实验1。

4. 滴片

采用冷滴片法，用吸管吸取固定好的细胞悬液，自高处滴在干净的湿冷载玻片上，在酒精灯火焰上过3～4次，置于室温下自然风干。

5. 染色

操作方法同实验1。

6. 镜检

取染色后晾干的标本，先用低倍镜观察，并选择细胞的前期、中期等时期，然后在高倍镜下仔细观察，计数中期细胞的染色体数目。

【实验报告】

（1）根据观察结果，描述有丝分裂各时期染色体特征，选择2～3个时期绘图。

（2）计数中期细胞染色体的数目，每人计数5个细胞。

【注意事项】

（1）采用腹腔注射时注意勿对实验鱼内脏器官造成损伤。

（2）因实验鱼需要过夜后活体取材，需准备相应的充氧和防逃逸设施保证第二天取材时的活体状态。

【思考题】

根据你所观察到的细胞中期染色体数目及组型，试判断该个体的倍性。

参 考 文 献

长江水产研究所育种室，武汉大学生物系动物教研室. 1975. 几种经济鱼类及其杂种染色体的初步研究. 淡水渔业，2：11-13.

林义浩. 1982. 快速获得大量鱼类肾细胞中期分裂相的PHA体内注射法. 水产学报，6：201-208.

实验4　外周血淋巴细胞染色体的制备

【实验目的】

掌握鱼类外周血淋巴细胞染色体制片技术。

【实验原理】

外周血中含有淋巴细胞，且几乎都处于G_1期或G_0期的非增殖状态，一般情况下是不再分裂的。但在培养液中加入植物血凝素（PHA）后，淋巴细胞受刺激转化为淋巴母细胞，重新进入增殖周期，进行有丝分裂。经过60～72h（三个周期）的短期培养、秋水仙素的处理、低渗和固定，就可获得大量处于有丝分裂象的细胞，从而进行染色体标本制作和核型分析。

鱼类是脊椎动物中分布最广、种类最多的一个类群，具有极其多样的生物学特性和重大的经济价值。在鱼类遗传育种，特别是多倍体育种中，对种鱼倍性的确定显得尤为重要。考察鱼类染色体，对研究鱼类的遗传、变异、分类、系统演化及杂交育种等都具有重大意义。但鱼类染色体一般都多且小，观察较困难，人类染色体研究技术的进步，极大地促进了对鱼类染色体的研究。1966年，小岛（Ojima）等首先将低渗处理细胞和空气干燥法制片应用到鱼类染色体研究中，首次进行了鱼类染色体核型分析。随后，一些学者又相继建立了鱼的外周血细胞培养、鳞上皮细胞培养、卵巢组织培养，以及鱼的肾细胞PHA培养等以研究鱼类染色体为目的的体外细胞短期培养方法，使鱼类染色体研究进入了蓬勃发展的阶段。

【实验用品】

1. 材料

鱼外周血。

2. 仪器和用具

光学显微镜、CO_2培养箱、离心机、超净工作台、水浴锅、灭菌注射器、离心管、吸管、培养瓶、锥形瓶、载玻片等。

3. 试剂

（1）RPMI-1640培养基：取配培养基专用的1000mL广口瓶，加入灭菌超纯水（3d内灭菌）800mL；加入1袋RPMI-1640（10.5g）干粉培养基、3.0g HEPES和2g $NaHCO_3$，轻轻振摇使之分散，难以溶解时，用干冰或CO_2气体处理，不要加热促溶。当pH降至6.0时，培养基可溶解至透明。用5mL移液器（吸头需高温灭菌，下同）取小样测溶液pH。用已过滤除菌的1mol/L NaOH溶液或1mol/L HCl溶液调节pH至7.0～7.2，然后用灭菌超纯水补足体积至1000mL。在超净工作台中用1000mL一次性过滤器（0.45μm和0.22μm微孔滤膜）正压过滤除菌。将除菌的培养基分装到250mL锥形瓶中，注意不要超过锥形瓶体积的2/3，瓶口用胶塞塞紧，用塑料膜将瓶口封好，置于4℃或−20℃冰箱储存备用。

（2）RPMI-1640培养液：每100mL培养液包括83mL RPMI-1640培养基，15mL胎牛或新生牛血清，1mL 0.1%肝素钠，25mg植物血凝素（PHA），1mL青链霉素（10 000IU/mL青霉素＋10 000μg/mL链霉素）。

（3）其他：10μg/mL秋水仙素、0.08%生理盐水、0.075mol/L KCl溶液、络合碘、卡诺氏固定液、吉姆萨原液等。

【实验步骤】

1. 取血

用灭菌注射器吸取0.2mL 0.1%灭菌肝素钠溶液，实验鱼尾部用络合碘消毒30s后，从侧线下方取0.2～0.3mL血液，将注射器针头灼烧灭菌后，套上针帽，针头朝下，置于4℃冰箱中静置1～2h，使红细胞沉降。

2. 培养

采用细胞培养瓶或一次性50mL离心管培养。在超净工作台内向培养瓶或离心管中加入配好并菌检无菌的RPMI-1640培养液10mL后，将沉降好的血液取出，用70%乙醇擦拭注射器表面，放入超净工作台内，去掉针头，排掉下层的红细胞，将上清及交界面加入培养液中，于24℃、5% CO_2培养箱中或24℃密闭培养68～72h，培养过程中每隔8h摇匀一次，使细胞与培养液充分接触。终止培养前3～4h，加入秋水仙素（10μg/mL），使其终浓度为0.05～0.07μg/mL。

3. 制片

（1）离心收集细胞：将培养好的细胞从CO_2培养箱中取出，用吸管转入尖底离心管中，1000r/min离心6min收集细胞。

（2）低渗：用吸管吸去上清，留约0.5mL并用吸管将细胞团吹散，然后加0.075mol/L KCl溶液至10mL，于24℃水浴低渗处理30min，每隔10min用吸管轻轻吹打一次。

（3）预固定：向低渗好的细胞中加入1mL新配制的卡诺氏固定液（甲醇：冰醋酸＝3：1），用吸管吹打均匀后，900r/min离心5min。

（4）第一次固定用吸管除去全部上清后，加入新配制的卡诺氏固定液4mL，于4℃条件下固定1h后，1000r/min离心5min。

（5）第二次固定用吸管吸去全部上清，加入4mL新配制的卡诺氏固定液，于4℃冰箱中固定过夜（大于12h）后，1000r/min离心5min。

（6）第三次固定时弃上清，视底部细胞的多少加入新配制的固定液，并吹打成细胞悬液。

（7）滴片：操作方法同实验3。

（8）染色：将吉姆萨原液与新配磷酸缓冲液（pH7.4）按1：10配制成染液，染色40～60min，于自来水细流下冲洗背面至水流变清，置于空气中干燥。

（9）镜检：选择好的分裂象拍照（图4-1）。

【实验报告】

找到相对分散、形态较好的有丝分裂象，并拍摄记录下来。

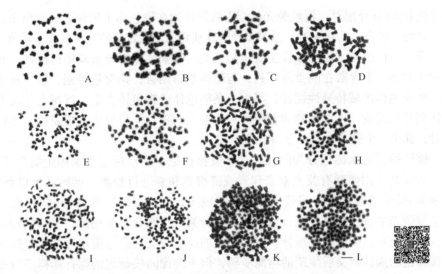

图4-1 不同鱼类外周血细胞培养制备染色体图（肖军，2013）

A. 二倍体草鲂有丝分裂中期染色体（$2n=48$）；B. 三倍体草鲂有丝分裂中期染色体（$3n=72$）；C. 二倍体鲂鲌F_1有丝分裂中期染色体（$2n=48$）；D. 三倍体鲂鲌F_1有丝分裂中期染色体（$3n=72$）；E. 鲤有丝分裂中期染色体（$2n=100$）；F. 性反转白鲫有丝分裂中期染色体（$2n=100$）；G. 全雌白鲫有丝分裂中期染色体（$2n=100$）；H. 红鲫有丝分裂中期染色体（$2n=100$）；I. 湘云鲫2号有丝分裂中期染色体（$3n=150$）；J. 全雌三倍体鲫有丝分裂中期染色体（$3n=150$）；K. 异源四倍体鲫鲤有丝分裂中期染色体（$4n=200$）；L. 四倍体野生有丝分裂中期染色体（$4n=200$）。标尺为3μm

【注意事项】

根据培养细胞的状态把握好低渗时间。

【思考题】

当实验后获得的中期分裂象数目不多时，应该考虑调整哪些因素？

参 考 文 献

肖军. 2013. 异源鲂鲌杂交品系的建立及其遗传特性研究. 长沙：湖南师范大学博士学位论文.

实验5 染色体荧光原位杂交技术

【实验目的】

（1）掌握鱼类染色体荧光原位杂交技术。
（2）了解分子探针在染色体遗传上的应用。

【实验原理】

染色体荧光原位杂交（fluorescence *in situ* hybridization，FISH）是基因定位的主要方法之一，它根据核酸分子碱基互补配对原理，将标记的核酸探针与变性处理后的染色体单链DNA互补配对，再经荧光检测而将靶序列在染色体上的位置显示出来。该方法灵敏、直观、稳定，已在人类、鼠等多种哺乳动物的基因定位研究中发挥了重要的作用。

荧光原位杂交常用的探针主要包括三类：①染色体特异重复序列探针，其杂交靶位常大于1Mb，不含散在的重复序列，与靶位紧密结合，杂交信号强，易于检测。②全染色体或染色体区域特异性探针，其由一条染色体或染色体上某一区域上几段不同的核苷酸序列片段组成，可由克隆到噬菌体和质粒中的染色体特异大片段获得。③特异性位置探针，其由一个或几个克隆序列组成。

探针的荧光素标记分为间接标记和直接标记。间接标记是采用生物素标记DNA探针，杂交之后用偶联有荧光素亲和素或链霉亲和素进行检测，同时还可以利用亲和素-生物素-荧光素复合物，将荧光信号进行放大，从而可以检测500bp的片段。直接标记是通过荧光素直接与探针核苷或磷酸戊糖骨架共价结合，或用缺口平移法标记探针时掺入荧光素核苷三磷酸标记探针。直接标记的探针杂交后经过简单冲洗就可镜检，省去了间接标记的探针杂交后烦琐的检测步骤，但不能像间接标记的探针那样进行多步骤信号放大，因而不如间接标记的探针灵敏。但靶序列较大时（数百kb），还是直接标记的方法较可靠，且探针标记种数不受高亲和力配基能力的限制。目前一般间接标记方法用得较多。

5S rDNA基因是真核生物中的一类高度保守的串联重复序列，由编码区和非转录间隔区组成。编码区有120bp，是该基因的保守区，间隔区的长度和序列在物种间存在较大的差异，常作为分子标记被广泛应用于相关物种间的系统演化研究（Alves-Costa et al., 2006）。其中5S rDNA相关序列（提供的5S rDNA特异引物序列为：5'-TATGCCCGATCTCGTCTGATC-3'；5'-CAGGTTGGTATGGCCGTAAGC-3'）作为鲫特异的分子标记，可用于鲤科鱼类的系统演化研究（Murakami and Fujitani, 1998）。

【实验用品】

1. 材料

鲫染色体标本、鲫5S rDNA-340bp质粒。

2. 仪器和用具

冷冻高速离心机、小型台式离心机、涡旋振荡器、PCR仪、电泳仪、烘箱、水浴锅、荧光正置显微镜、恒温培养箱、密闭湿盒、EP管等。

3. 试剂

（1）含dig-dUTP混合物：将dATP、dGTP、dCTP、dTTP稀释为浓度4mmol/L，与dig-dUTP混合使用。混合比例为dATP：dTTP：dCTP：dGTP：dig-dUTP＝20：13：20：20：28，每次用量少，尽量现配现用。

（2）dig-抗-异硫氰酸荧光素（FITC）染液：用超纯水溶解稀释，最终使用浓度为1μg/mL。

（3）其他：5S rDNA特异引物、digoxigenin-11-dUTP（dig-dUTP）、*Taq* DNA聚合酶试剂盒、2'-脱氧腺苷-5'-三磷酸三钠盐（dATP）、2'-脱氧鸟苷-5'-三磷酸三钠盐（dGTP）、2'-脱氧胞苷-5'-三磷酸二钠盐（dCTP）、2'-脱氧胸苷-5'-三磷酸三钠盐（dTTP）、含4',6-二脒基-2-苯基吲哚（DAPI）的抗荧光衰退猝灭剂、20mg/mL牛血清蛋白溶剂（BSA）、

8mol/L 乙酸铵、10mg/mL 糖原、无水乙醇、70% 乙醇、甲酰胺、70% 甲酰胺、去离子甲酰胺、20× 柠檬酸钠缓冲液（SSC）、2×SSC、SSC、50% 硫酸葡聚糖、50% 甲酰胺/2×SSC、dig- 抗 -FITC、TNT 洗涤剂等。

【实验步骤】

1. 探针的制备

1）质粒的获得 合成引物、提取实验鱼的基因组 DNA → PCR 扩增目的片段 → 大体系胶回收 → 克隆 → 测序、提质粒（作为标记模板）。

2）探针标记 本实验中采用地高辛标记的 dUTP（试剂盒）进行 PCR 制探针。

（1）PCR 加样体系如下。

H₂O	24μL
缓冲液	5μL
dNTPs 混合物（对照）	5μL
（含 dig-dUTP）	
正向引物	5μL
反向引物	5μL
模板	5μL
酶	1μL
总体积	50μL

（2）PCR 程序设计（标记探针时的 PCR 程序和扩增目的片段时的程序应保持相同）如下。

94℃	5min	
94℃	30s	
59℃	30s	35 个循环
72℃	30s	
72℃	10min	
4℃ 保存		

PCR 产物电泳检测。

3）探针的纯化 将 6μL 8mol/L 乙酸铵、1μL 糖原（10mg/mL）、48μL 探针，移至 1.5mL EP 管中混合，再加入在 −20℃ 冰箱提前预冷的无水乙醇 200μL；将混合液放入 −80℃ 环境中 0.5～1h；4℃ 12 000r/min 离心 10min，弃上清；加入 200μL 常温的 70% 乙醇洗涤沉淀；4℃ 12 000r/min 离心 10min，弃上清；静置 2～4min，待剩余乙醇挥发后，加入于 4℃ 冰箱预冷的甲酰胺 12～25μL 溶解核酸沉淀；常温溶解 10min，保存于 −20℃ 冰箱。

2. 染色体玻片的准备

将新制备的染色体玻片放置于 75℃ 的烘箱干燥 2h，置于 2×SSC 中浸泡 30min 后，再置于 70% 乙醇中脱水 5min、无水乙醇中脱水 5min。

3. 变性

对杂交液和玻片同时变性处理，且变性后立即杂交。

1）探针杂交液变性

探针	5μL
去离子甲酰胺	4μL
50%硫酸葡聚糖	3μL
20×SSC	2μL
BSA	1μL
总体积	15μL

杂交液在PCR仪或水浴锅中80℃变性5min，立即放入−20℃冰箱10min。

2）玻片的变性　　在70℃水浴加热的70%甲酰胺溶液中变性2min，立即放入4℃的70%乙醇溶液中5min，无水乙醇脱水5min，干燥。

4. 杂交过夜

将变性处理后的探针杂交液按7μL/片滴加在变性处理过的玻片上，盖上封口膜，于37℃的密闭湿盒中杂交14～16h。

5. 洗片

用镊子揭掉封口膜，按步骤依次将玻片放入已43℃预热的染色缸中浸洗。

（1）50%甲酰胺/2×SSC浸洗15min。

（2）50%甲酰胺/2×SSC浸洗15min。

（3）2×SSC浸洗5min。

（4）SSC浸洗5min。

（5）特异性染色需在避光的条件下，在材料中央滴加8μL/片 dig-抗-FITC，盖上封口膜或盖玻片，避光孵育20min。

（6）避光在第一个TNT洗涤剂中振荡5min。

（7）避光在第二个TNT洗涤剂中振荡5min。

（8）避光在第三个TNT洗涤剂中振荡5min。

（9）避光，室温干燥。

（10）在材料中央滴加8μL/片含DAPI的抗荧光衰退猝灭剂，盖上盖玻片，用指甲油封片。

（11）在4℃条件下干燥避光保存。

6. 荧光正置显微镜观察FISH结果

在荧光激发光源下，FITC的激发波长为494nm、发射波长为518nm。细胞被DAPI染成蓝色，而经FITC标记的探针所在位置发出绿色荧光。用荧光正置显微镜观察杂交信号，并捕获图像，利用Spot和Adobe Photoshop软件进行图像处理（图5-1）。

【实验报告】

制作一张以红鲫5S rDNA为探针的红鲫染色体荧光原位杂交片子。

【注意事项】

标好的探针及制备好的分裂象可以于4℃保存数月，但现配现用效果最佳。

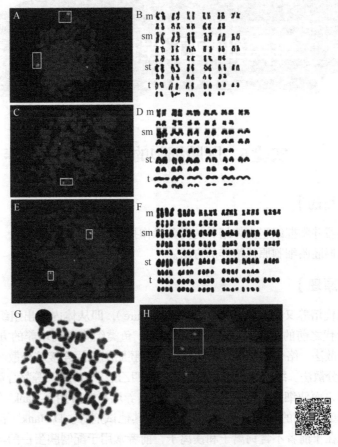

图5-1 鲤鲫杂交鱼染色体荧光原位杂交观察（Zhang et al.，2015）

A、B. 红鲫（2n＝100，2个强信号，少量弱信号）；C、D. 鲫鲤F₁（2n＝100，1个强信号，少量弱信号）；E、F. 异源四倍体鲫鲤（4n＝200，2个强信号，多个弱信号）；G、H. 异源四倍体鲫鲤减数分裂的分裂象及FISH；m. 中部着丝粒染色体；sm. 亚中部着丝粒染色体；st. 亚端部着丝粒染色体；t. 端部着丝粒染色体

【思考题】

（1）荧光原位杂交的关键步骤有哪些？

（2）简述荧光原位杂交的原理。

参 考 文 献

Alves-Costa F A, Waskko A P, Olivira C, et al. 2006. Genomic organization and evolution of the 5S ribosomal DNA in Tilapiini fishes. Genetica, 127(1-3): 243-252.

Murakami M, Fujitani H.1998. Characterization of repetitive DNA sequences carrying 5S rDNA of the triploid ginbuna (Japanese silver crucian carp, *Carassius auratus langsdorfi*). Genes Genet Syst, 73(1): 9-20.

Zhang C, Ye L H, Chen Y Y, et al. 2015. The chromosomal constitution of fish hybrid lineage revealed by 5S rDNA FISH. BMC Genetics, 16: 140.

Zhu H P, Ma D M, Gui J F. 2006. Triploid origin of the gibel carp as revealed by 5S rDNA localization and chromosome painting. Chromosome Research, 14(7): 767-776.

实验6　胚胎细胞的分离及原代培养

【实验目的】

（1）学习并掌握细胞离体培养的无菌操作技术。

（2）掌握胚胎细胞原代培养的方法。

【实验原理】

细胞原代培养又称初次培养（primary culture），即从体内取出组织，分离细胞并培养到第一次传代之前的阶段，一般持续1～4周。鱼类细胞原代培养的方法包括组织块固定法、机械分散法、络合剂分散法和酶消化法。胚胎细胞间连接较松散时，常采用机械分散法或络合剂分散法。络合剂分散法是用乙二胺四乙酸（EDTA）等螯合剂将细胞间的钙、镁离子结合掉，而使细胞间连接松散。在细胞培养取材时常用D-Hank's溶液（平衡盐溶液，BSS），用于组织块的漂洗、细胞漂洗、配制其他试剂等。D-Hank's溶液与Hank's液的一个主要区别在于前者不含钙离子和镁离子，前者常用于配制胰蛋白酶溶液。

【实验用品】

1. 材料

斑马鱼胚胎。

2. 仪器和用具

超净工作台、倒置显微镜、CO_2培养箱、玻璃培养皿、一次性吸管、移液器及吸头、无菌注射器、无菌培养皿、50mL无菌离心管、1.5mL离心管等。

3. 试剂

（1）D-Hank's溶液：NaCl 8.0g、KCl 0.4g、$Na_2HPO_4 \cdot 12H_2O$ 0.133g、KH_2PO_4 0.06g、$NaHCO_3$ 0.35g、双蒸水1000mL，高压蒸汽灭菌。

（2）DMEM培养基：含7.5%胎牛血清（FBS）、2.5%鲤鱼血清、1%双抗（青霉素和链霉素）、1%非必需氨基酸、1% L-谷氨酸、0.1% 2-巯基乙醇、10ng/mL碱性成纤维细胞生长因子（bFGF）。

（3）其他：青霉素、链霉素、双抗、0.2%明胶溶液等。

【实验步骤】

（1）配制含2%青霉素和链霉素的D-Hank's溶液。

（2）在超净工作台上，于无菌培养皿中加入1mL 0.2%明胶溶液，轻轻摇晃使明胶均匀覆盖培养皿底。

（3）吸取20颗斑马鱼胚胎到无菌培养皿中并吸去多余的水。

（4）向培养皿中加入2mL含2%双抗的D-Hank's溶液，轻轻吹打清洗胚胎，吸去废液，重复此步骤3遍。

（5）向清洗过的胚胎中重新加入2mL含2%双抗的D-Hank's溶液，在倒置显微镜下，用一次性无菌注射器将胚胎的胶膜剥去。

（6）将囊胚细胞团收集到含1mL D-Hank's溶液的1.5mL离心管中，1000r/min离心5min。

（7）吸去上清，加1mL D-Hank's溶液重悬细胞，1000r/min离心5min。

（8）吸去上清，加1mL DMEM培养基重悬细胞，吸去培养皿中的明胶，将细胞悬液转移到培养皿内，并补加1mL培养基，轻轻摇晃培养皿使细胞均匀分布。

（9）将培养皿放入28℃、5% CO_2的培养箱中，24h后观察细胞的生长状况，并拍照记录。

【实验报告】

（1）详细记录细胞原代培养无菌操作实验过程。

（2）观察并记录细胞的生长状况。

（3）总结实验过程中的经验或不足。

【注意事项】

（1）在收集囊胚细胞团的过程中尽量避免吸到卵黄颗粒。

（2）要保证每个培养皿中囊胚细胞的量，高密度细胞可以增加细胞存活率。

【思考题】

为什么选取囊胚时期胚胎为原代培养材料？

参 考 文 献

陈松林，秦启伟. 2011. 鱼类细胞培养理论与技术. 北京：科学出版社.

于淼，管华诗，郭华荣，等. 2003. 鱼类细胞培养及其应用. 海洋科学，27（3）：4-8.

实验7　尾鳍成纤维细胞的分离及原代培养

【实验目的】

初步掌握成体组织细胞原代培养的方法。

【实验原理】

成体组织细胞间连接较紧密，一般将组织块用机械分散法或者胰蛋白酶消化获得细胞悬液, 然后种植于培养皿中。对于材料量少的组织原代培养也可以直接将组织分割成小块种于培养皿中, 细胞可以从组织块边缘迁出, 逐渐形成细胞单层。

【实验用品】

1. 材料

斑马鱼。

2. 仪器和用具

超净工作台、倒置显微镜、CO_2 培养箱、玻璃培养皿、一次性吸管、移液器及吸头、灭菌的眼科剪及镊子、无菌培养皿、50mL 无菌离心管、1.5mL 离心管等。

3. 试剂

（1）磷酸缓冲液：8g NaCl、2g KCl、1.44g Na_2HPO_4、0.24g KH_2PO_4，加蒸馏水至 1L，调 pH 至 7.4。

（2）DMEM 培养基。

（3）其他：胎牛血清、青霉素、链霉素、双抗、0.2% 明胶溶液、75% 乙醇等。

【实验步骤】

（1）用 75% 乙醇消毒斑马鱼尾鳍后, 用灭菌的眼科剪剪取尾鳍, 放入 1.5mL 离心管中。

（2）在超净工作台上, 于无菌培养皿中加入 1mL 0.2% 明胶溶液, 轻轻摇晃使明胶均匀覆盖培养皿底。

（3）向 1.5mL 离心管中加入 1mL 含 2% 双抗的磷酸缓冲液（PBS）, 轻轻吹打清洗材料, 吸去废液, 重复洗涤 3 遍。

（4）将组织转移到新的离心管中, 再用含 2% 双抗的 PBS 清洗两遍。

（5）在含 2% 双抗的 PBS 中将组织块剪碎, 1200r/min 离心 5min, 吸去上清, 用含 2% 双抗的 PBS 重悬组织, 1200r/min 离心 5min, 吸去上清。

（6）用胎牛血清（100~200μL）重悬组织, 吸去培养皿内的明胶, 将重悬的组织块均匀铺在培养皿内, 吸去多余液体。

（7）将培养皿放入 28℃、5% CO_2 培养箱, 2h 后加入 DMEM 培养基, 24h 后观察组织块的生长情况, 每两天更换一次培养基。

【实验报告】

（1）详细记录实验过程。

（2）观察并记录细胞的生长状况。

（3）总结实验过程中的经验或不足。

【注意事项】

（1）取样组织要注意做好清洗。

（2）尽量沿培养皿壁加入培养基, 以免组织块被吹起。

【思考题】

选取尾鳍作为成体成纤维细胞原代培养的组织来源有什么优势?

参 考 文 献

Peng L Y, Zhou Y H, Xiao Y M, et al. 2019. Generation of stable induced pluripotent stem-like cells from adult zebra fish fibroblasts. Int J Biol Sci, 15(11): 2340-2349.

实验8 脾单核细胞的分离和原代培养

【实验目的】

本实验旨在探究分离并纯化鱼类脾单核细胞的方法,为鱼类生理、发育及免疫机制的研究提供重要材料。

【实验原理】

单核细胞是机体血细胞中体积最大的白细胞,是机体防御系统的一个重要组成部分。单核细胞来源于骨髓中的造血干细胞,并在骨髓中发育。它具有吞噬或清除受伤、衰老的细胞及其碎片的能力。单核细胞还参与免疫反应,在吞噬抗原后将所携带的抗原决定簇传递给淋巴细胞,诱导淋巴细胞进行特异性免疫反应。单核细胞具有识别和杀伤病原微生物的能力,还是参与体内免疫反应的主要功能细胞,在机体发生炎症反应过程中起到重要作用。

【实验用品】

1. 材料

健康的成鱼。

2. 仪器和用具

台式冷冻离心机、恒温培养箱、倒置显微镜、96孔细胞培养板、200目筛网、剪刀等。

3. 试剂

L15培养液、Percoll液、胎牛血清(FBS)、75%乙醇、青链霉素和吉姆萨染色试剂盒等。

【实验步骤】

(1)将成鱼麻醉,用75%乙醇消毒体表。剖开体腔,用灭菌的剪刀取出脾组织,浸泡于L15培养液(含有10% FBS)中。

(2)将组织转移至200目筛网中,轻轻碾磨组织,使用灭菌的15mL离心管收集细胞粗提液。

(3)缓慢加入3mL的1.070g/cm^3 Percoll液,再沿管壁缓慢加入3mL的1.020g/cm^3 Percoll液,制备Percoll不连续梯度,再加入3mL的上述单细胞悬液。于4℃条件下840g

离心30min，收集Percoll梯度界面上的细胞，加L15培养液（含有10% FBS）洗涤。于4℃条件下640g离心5min，用L15培养液（含有10% FBS和1%青链霉素）重悬沉淀。

（4）所得细胞重悬在含有10% FBS和1%青链霉素的L15培养液中，加入96孔细胞培养板中（每孔约10^5个细胞），于25℃恒温培养箱培养。

（5）6h后洗去未贴壁细胞，用含有10% FBS和1%青链霉素的L15培养液正常培养。

（6）用倒置显微镜观察并记录培养细胞的形态学特征。

（7）用吉姆萨染色并鉴定细胞。

【实验报告】

脾单核细胞的吉姆萨染色结果图。

【注意事项】

制备Percoll不连续梯度时，应动作轻柔，按顺序依次加入，勿上下颠倒分离液。

【思考题】

（1）鱼类单核细胞一般是什么形态？

（2）鱼类单核细胞是否具有记忆功能？

参 考 文 献

李鸿帅，王海杰，谭玉珍. 2005. CD44介导的透明质酸对单核细胞黏附和迁移的作用. 解剖学报，（5）：541-545.

吴春芳，刘崇武，游晓庆，等. 2011. 兔不同部位单核/巨噬细胞的分离、培养和鉴定. 细胞与分子免疫学杂志，27（5）：576-578.

张一平，陆佩华，徐文玉，等. 1982. 人体外周血单核细胞的分离与鉴定. 上海医学，（2）：98-101.

实验9　鱼类细胞的传代培养

【实验目的】

（1）初步掌握鱼类细胞传代培养的原理及方法。

（2）学习鱼类细胞传代培养的相关知识。

【实验原理】

原代培养之后，由于细胞迁出数量的增加及细胞的增殖，单层细胞逐渐附着在培养皿的底部，细胞密度增加，培养基营养成分减少，细胞代谢物增加，若不及时分开，细胞会因接触抑制而逐渐死亡。细胞由原培养皿内分离稀释细胞浓度后传到新的培养皿的过程即传代。对于部分贴壁不紧密的细胞，可以通过反复吹打或用PBS浸泡后即可将细胞完全吹打下来，对于大多数贴壁紧密的细胞，通常用0.25%胰蛋白酶或者其他消化液消化细胞。

根据细胞的致密程度，可进行1∶1的原培养皿传代或1∶2的分培养皿传代。进行一次分离再培养称为传一代。体外细胞生长一般分为潜伏期、对数生长期和平台期。为了保证细胞继续增殖，要选在细胞对数生长期对细胞进行传代。不同的细胞类型，其生长、增殖速度不尽相同，因此从原代培养到首次传代培养的时间也不相同。

【实验用品】

1. 材料
鱼类贴壁细胞。

2. 仪器和用具
超净工作台、倒置显微镜、CO_2培养箱、移液器及吸头、无菌培养皿、50mL无菌离心管等。

3. 试剂
0.25%胰蛋白酶、DMEM培养基等。

【实验步骤】

以60mm培养皿培养的贴壁细胞为例，具体操作步骤如下。

（1）在超净工作台上吸去培养皿内的培养基。

（2）向培养皿内加入1mL 0.25%胰蛋白酶，轻轻晃动培养皿，使消化液覆盖细胞表面，在倒置显微镜下观察细胞的形态变化。待细胞变圆还没有从培养皿底脱落时（1~3min），迅速吸去胰蛋白酶，加入3mL新鲜的DMEM培养基。

（3）用移液器反复吹打细胞，使细胞完全从培养皿底部脱落。

（4）取一新的培养皿，按1∶2将细胞分装在两个培养皿中。

（5）分别补加培养基至3mL，前后左右轻轻晃动培养皿使细胞混匀，以使细胞均匀贴壁。

【实验报告】

（1）详细记录细胞传代的过程。

（2）总结实验过程中的经验或不足。

【注意事项】

（1）原代细胞首次传代时要保证细胞密度，高密度细胞可以使细胞存活率增加，同时原代培养中的组织块也可以随着传代保留在培养皿内。

（2）不同类型的细胞胰蛋白酶消化的时间是不同的，消化细胞时，要及时在倒置显微镜下观察细胞收缩、变圆的状态，以确定终止胰蛋白酶消化的时间。

【思考题】

胰蛋白酶消化法传代的原理是什么？

参 考 文 献

陈松林，秦启伟．2011．鱼类细胞培养理论与技术．北京：科学出版社．
王崇英，高清祥．2011．细胞生物学实验．北京：科学出版社．

实验10　斑马鱼胚胎显微注射技术

【实验目的】

（1）了解显微注射的基本原理。

（2）初步掌握斑马鱼胚胎显微注射的操作方法。

【实验原理】

显微注射是一种常见的实验室技术，使用特殊的设备（包括显微注射器、显微操纵器和显微镜）进行显微注射，通过玻璃毛细管将少量物质（如DNA、RNA、蛋白质和其他大分子）输送到细胞或胚胎中。外来的DNA或RNA在发育中的胚胎内转录和（或）翻译，其蛋白质产物的功能可以通过形态、生理或分子变化来评估。研究人员已使用该技术通过转基因、基因敲除和基因治疗来对许多生物进行遗传修饰，目的是了解细胞内组分的动力学。在模式动物——斑马鱼中，显微注射技术是探索基因功能及研究生命活动机制必不可少的技术手段。

【实验用品】

1. 材料

斑马鱼胚胎。

2. 仪器和用具

显微注射仪、拉针仪、体视显微镜、体视荧光显微镜、保温箱、培养皿、移液器、塑料吸管、微型加样吸管、尖头镊子、硼硅酸盐毛细管等。

3. 试剂

绿色荧光蛋白（EGFP）质粒、10%酚红、琼脂糖、E3胚胎培养液等。

【实验步骤】

1. 显微注射用器具的准备

（1）使用硼硅酸盐毛细管制备显微注射针，在体视显微镜下检查针头，选择尖端锋利并且闭合的显微注射针，并将其暂存在无尘的容器中。

（2）在注射前，用尖头镊子或刀片折断显微注射针的尖端。使用微型加样吸管将10～20μL含有DNA、RNA或染料的溶液注入显微注射针内，避免产生气泡。然后将显微注射针插入压力接头固定器中，拧紧螺丝固定。

（3）将显微注射针头插入小培养皿中的矿物油滴中，分别向油中注射几次，并测量产生的液滴的直径，从而校准该针头注入的体积。通过改变显微注射仪上的设置参数（压力大小和压力持续时间）以提供所需的体积。

（4）准备好琼脂糖模具作为安全垫，以防止显微注射针尖端的意外损坏。

2. 斑马鱼胚胎的准备

（1）自然产卵后5～10min收集胚胎。在体视显微镜下检查胚胎，选择一细胞期的胚胎进行显微注射。

（2）将剩余的胚胎放入18℃的保温箱中以备后用。胚胎可以耐受18℃约1h，这种较低的温度减缓了细胞分裂速度，因此有更多的时间注射一细胞阶段的胚胎。

（3）取一支塑料吸管，并对边缘进行火焰抛光。吸取胚胎并沿着琼脂糖模具的沟槽一个接一个地整齐排列胚胎。尽可能多地吸出液体，但要留出足够的液体来覆盖胚胎，并确保它们在注射过程中是潮湿的。

3. 显微注射

（1）在较低的放大倍数（5×～10×）下，移动显微注射针，使其尖端靠近预定注射的胚胎（通常从一端开始），然后转到较高的放大倍数（30×～40×）下将尖端定位在胚胎胶膜表面。调整焦距和光圈大小，以获得清晰、对比鲜明的胚胎图像。

（2）摁动开关进行压力释放，测试显微注射针头是否堵塞。如果在针尖没有出现一小液滴，调整注射压力和持续时间，或增加针头开口大小。

（3）使用显微注射仪上的控制装置，将显微注射针尖端穿过胶膜，进入胚胎的细胞质。显微注射针顶端和细胞之间的角度约为45°，有利于穿透胶膜进入胚胎细胞。

（4）释放压力，观察注射的溶液在细胞质内是否可见。显微注射的成分与细胞质有明显差异。

（5）慢慢抬起显微注射针，将针头从胚胎中取出，胚胎会被水的表面张力压住。稍微移动培养皿以定位下一个胚胎，然后注射它，直至注射完所有胚胎。

（6）注射完成后，加入E3胚胎培养液。将胚胎转移到新的培养皿中，并在28.5℃条件下孵化。

4. 注射后胚胎管理

（1）注射后在28.5℃的培养皿中孵化胚胎，至少每隔一天换一次新鲜的E3胚胎培养液。

（2）注射几小时后检查胚胎，并移除任何死亡或严重异常的胚胎。

【实验报告】

（1）对于注射荧光标记的胚胎，每天在暗室里使用体视荧光显微镜来监测胚胎。统计可检测到荧光的胚胎数量。

（2）用照片和文字描述并记录实验结果。

【注意事项】

（1）在显微注射时看不到液体的排放，可能是注射针管被堵塞了。尝试通过增加注射压力或者注射持续时间来解除阻塞，或者增大针尖开口。如果在这些处理后仍然堵塞，请更换注射针。

（2）当显微注射针头经常卡在胚胎中时，减少琼脂糖沟槽中的液体，以便通过水的表面张力相对紧密地抓住胚胎。或者使用有相对较长的锥形尖端的显微注射针，能减少尖端在细胞膜和胶膜上的阻力。

（3）斑马鱼胚胎的第一次卵裂时间在受精后10～30min，单细胞阶段的显微注射必须在这段时间内进行，因此，注射前必须先准备好注射器具和相关溶液。

【思考题】

在做斑马鱼转基因或者基因编辑时，为什么要选择在一细胞期注射？在两细胞期胚胎同时注射两个细胞是否可行？

参 考 文 献

Porazinski S R, Wang H, Furutani-Seiki M. 2010. Microinjection of medaka embryos for use as a model genetic organism. J Vis Exp, 46: e1937.

Rosen J N, Sweeney M F, Mably J D. 2009. Microinjection of zebrafish embryos to analyze gene function. J Vis Exp, 25: e1115.

实验11　鱼类细胞核移植技术

【实验目的】

（1）了解动物细胞核移植的基本原理。

（2）初步掌握鱼类细胞核移植技术。

【实验原理】

核移植是基因修饰和克隆领域的一项重要技术，也是证明基因工程基因组种系传递的一项重要技术。自从第一只克隆羊多莉诞生以来，通过成年体细胞核移植繁殖动物的尝试在多种哺乳动物上都获得了成功。对鱼类细胞核移植的研究已经有半个世纪了，鱼类细胞核移植的研究始于20世纪60年代，自此以后，通过将一个物种的细胞核移植到另一个物种的去核卵子中进行核质杂交的研究已被广泛报道，主要集中在鲤科鱼类。体细胞核移植有可能成为鱼类种系遗传改良的首选方法。以前关于克隆斑马鱼的报道表明，用培养细胞进行核移植是可能的，斑马鱼的核移植是一个复杂的过程，涉及细胞培养、卵的选择、卵和细胞的显微操作，每一步都会影响到获得克隆鱼的整体效率。克隆鱼的成功率为2%或更低，这可能是多种因素造成的。其中包括使用激活的卵子作为受体，这将操作时间限制在收集卵子后不到1h；通过去除第二极体下的部分卵子细胞质来去除卵子染色体的技术挑战；以及操作脱膜卵子和处理脆弱的重组胚胎。

【实验用品】

1. 材料

斑马鱼、离体培养的鲫成纤维细胞。

2. 仪器和用具

显微注射仪、程控水平微电极拉制仪、离心机、体视显微镜、培养皿、移液器、吸管、尖头镊子、注射器、显微注射玻璃针等。

3. 试剂

（1）10×Danien's缓冲液（DB）：每升含NaCl 20.34g、$MgSO_4 \cdot 7H_2O$ 0.592g、KCl 0.313g、$Ca(NO_3)_2 \cdot 4H_2O$ 0.85g、HEPES 7.12g或者HEPES钠盐7.809g，用双蒸水配制，高压蒸汽灭菌。

（2）0.25%胰蛋白酶溶液：0.25g胰蛋白酶溶于100mL DB溶液中。

（3）其他：75%乙醇、青霉素、链霉素、1.2%琼脂糖等。

【实验步骤】

1. 催产

实验前一天晚上催产实验鱼。

2. 供体细胞的制备

显微注射前按常规方法收集培养的成纤维细胞，离心（1000r/min）浓缩细胞，并将其置于不加血清的培养液中备用。

3. 受体卵子处理

（1）取一个小培养皿，加少量冷开水，将鲫成熟卵子挤出，挑选质量好的卵子置于小培养皿中，晃动培养皿并静置片刻。

（2）立即使用DB溶液（含青霉素和链霉素各100U/mL）清洗卵子两次。

（3）加入适量0.25%胰蛋白酶溶液消化1min左右，待卵膜软化，立即使用DB溶液清洗两次。

（4）置于体视显微镜下观察，选择质量好的卵子用注射器针头将卵子胶膜剥离。每次剥离少量卵子（5～10颗/次）。

（5）将剥离胶膜的卵子用吸管转移到铺好1.2%琼脂糖的培养皿中，皿中预放少量DB溶液。

（6）在体视显微镜下将去膜的卵子用玻璃针排成一排，注意动物极朝向玻璃针的位置。

（7）用移液器吸取少量供体细胞置于卵子周边。

4. 显微注射

（1）选好玻璃针装入显微注射仪，用尖头镊子夹断玻璃针尖端，使其开口内径略小于成纤维细胞直径。

（2）在体视显微镜下用玻璃针尖对准成纤维细胞后将其吸入管腔，每次吸入一个细胞，不要吸入过多溶液。

（3）将吸入的细胞核注射到卵子胚盘（如需去核则需要先处理卵子：待胚盘隆起后用针将胚盘切去或将胚盘内容物吸入，待恢复后再进行细胞核移植）。

5. 注射后胚胎的管理

（1）将注射后的胚胎置于培养皿中静置孵化。

（2）孵化期间及时吸出死亡或发白的胚胎。

（3）待胚胎发育到原肠胚期后可换培养液，用吸管轻轻吸出培养液，再用吸管将新的培养液沿培养皿壁缓缓加入。

6. 观察

观察并记录胚胎发育状况。

【实验报告】

（1）观察并记录核移植后胚胎发育情况。

（2）统计正常发育胚胎的数量。

【注意事项】

（1）供体细胞的培养液中不加血清，因为血清会增加培养液的黏度，导致收集的细胞不易分散。

（2）使用成熟的，处于减数第二次分裂中期的卵子作为受体。

（3）剥离胶膜的卵子在转移至培养皿中进行显微注射和后期孵化时都不能离开水体，以防止卵子破裂。

【思考题】

通过核移植产生的新个体的遗传特性会完全与提供细胞核的个体一致吗？

参 考 文 献

Bail P Y, Depince A, Chenais N, et al. 2010. Optimization of somatic cell injection in the perspective of nuclear transfer in goldfish. BMC Dev Biol, 10: 64.

Siripattarapravat K, Pinmee B, Venta P J, et al. 2009. Somatic cell nuclear transfer in zebrafish. Nat Methods, 6(10): 733-738.

第二篇

鱼类繁殖生物学基础实验

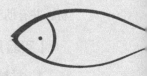

第三章 鱼类性腺发育及生殖细胞的观察

实验12 鱼类原始生殖细胞的发生及迁移

【实验目的】

（1）了解鱼类原始生殖细胞发生及迁移的原理。

（2）初步掌握鱼类原始生殖细胞荧光标记的操作方法。

（3）观察鱼类原始生殖细胞发生及迁移的过程和特点。

【实验原理】

原始生殖细胞（primordial germ cell，PGC）是指胚胎发育过程中生殖细胞到达生殖嵴之前的状态。PGC为代孕繁殖提供了一种可能的来源，以产生在水产养殖中具有高商业价值或有价值的基因型的后代。PGC是唯一有可能将遗传信息传递给下一代的胚胎细胞，因此在基因库和超低温保存方面可能具有重要的作用，特别是在通过胚系嵌合体生产供体配子方面。在实现将PGC用于商业上重要物种的这些目的之前，为了能够成功地诱导生殖系嵌合体，对细胞的起源、规格和迁移进行可视化的标记是至关重要的。一种可视化PGC的方法是注射体外合成的，生殖细胞特异的母源性mRNA，如 *Nanos1*。斑马鱼 *Nanos1* 基因的克隆为研究硬骨鱼PGC提供了广泛的生物学和分子基础，为基础科学和应用科学提供了新的有价值的信息。斑马鱼 *Nanos1* 的3′非翻译区（3′-UTR）和 *EGFP* 编码区相结合，可用于观察斑马鱼胚胎发育过程中PGC的产生和迁移。在许多被分析的硬骨鱼物种中，PGC起源于表达母系遗传因子的卵裂球，这表明它们是预先确定的。在胚胎发育过程中，原始生殖细胞先是主动迁移，然后通过发育器官从最初的位置迁移到生殖嵴。利用包括最新生物成像方法在内的各种技术，在模式鱼类（斑马鱼）中阐明了PGC的许多特性。在这些物种中获得的知识有助于广泛地对硬骨鱼物种中的PGC进行分析，并有助于促进不同物种之间生殖系嵌合体的产生。

【实验用品】

1. 材料

红鲫胚胎。

2. 仪器和用具

显微注射仪、离心机、分光光度计、体视荧光显微镜、玻璃培养皿、微型加样吸管、玻璃毛细管等。

3. 试剂

EGFP-Nanos1-3′-UTR质粒、质粒提取试剂盒、Sp6启动子体外转录试剂盒、0.25%胰蛋白酶液、Holtfreter工作液（每升含3.5g NaCl、0.05g KCl、0.025g NaHCO$_3$）、1.5%琼脂糖凝胶等。

【实验步骤】

1. 质粒提取

质粒提取按试剂盒步骤操作，将得到的质粒保存在−20℃条件下备用。

2. 体外转录

先将EGFP-Nanos1-3′-UTR质粒酶切后线性化，然后用Sp6启动子体外转录试剂盒体外转录成mRNA。取1μL使用分光光度计检测其浓度，剩余的置于−80℃条件下保存待用。

3. 显微注射

（1）将人工授精得到的受精卵均匀地铺在加入清水的玻璃培养皿中（密度不宜过大）。

（2）待红鲫胚胎黏附在玻璃培养皿底部后，加入0.25%胰蛋白酶液消化1～3min，等有部分胚胎脱离卵胶膜后用清水冲洗3～4次。收集脱膜的胚胎置于铺有1.5%琼脂糖凝胶的玻璃培养皿中，预先加入Holtfreter工作液。

（3）将质粒和体外转录获得的mRNA用焦碳酸二乙酯（DEPC）水稀释到80ng/μL，置于冰上备用。

（4）用微型加样吸管吸取10μL质粒和mRNA加入显微注射针，注意不要产生气泡。在体视荧光显微镜下用镊子将针尖夹断，使针尖口径大小适宜。

（5）最后，在显微注射仪下将其注入裸卵胚盘内，整个注射过程在受精卵第一次卵裂开始前完成。

4. 荧光观察

将显微注射后的胚胎置于胚胎培养液中于（25±1）℃条件下孵化，受精后每隔2h在体视荧光显微镜下观察并拍照记录（图12-1）。

【实验报告】

在体视荧光显微镜下观察并拍照记录红鲫原始生殖细胞发生及迁移的过程和特点。

【注意事项】

（1）使用适当的滤光片组对EGFP进行成像（激发光488nm），调整曝光持续时间以优化图像动态效果。

（2）使用胰蛋白酶去除胶膜的时间要根据温度适当调整，当有少量卵子出现脱膜现象时，应立即停止消化，马上加入清水清洗。

【思考题】

（1）PGC在不同种鱼类中的迁移模式是否相同？

（2）PGC的整个迁移过程似乎是由化学引诱剂系统组织的，其中趋化因子受体4（CXCR4）、趋化因子受体7（CXCR7）和基质细胞衍生因子1a（SDF-1a）起主要作用。在鱼类中，PGC向生殖嵴迁移的机制是否相同？

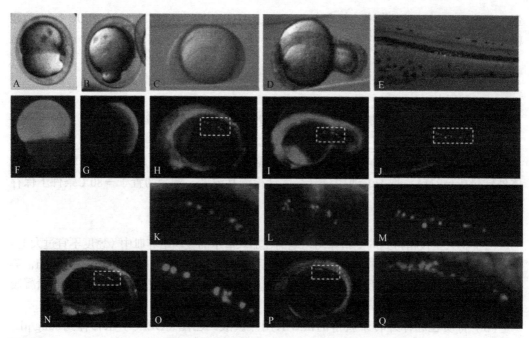

图 12-1 红鲫原始生殖细胞的发生与迁移（李华金等，2018）

A. 囊胚期；B. 原肠胚期；C. 体节期；D. 心跳期；E. 出膜期；F~J. 分别对应 A~E 的荧光图，PGC 从头端沿体轴向生殖嵴方向迁移，受精后 24h，PGC 迁移到生殖嵴；K~M. 分别对应 H~J 中白框的放大图；N、P. 体节期；O、Q. 分别对应图 N 和图 P 中白框放大图

参 考 文 献

李华金，许文婷，肖亚梅，等. 2018. 多倍体鲫鲤原始生殖细胞的标记及其迁移研究. 生命科学研究，22（6）：454-460.

Paksa A, Raz E. 2015. Zebrafish germ cells: motility and guided migration. Curr Opin Cell Biol, 36: 80-85.

Saito T, Psenicka M R, Goto S, et al. 2014. The origin and migration of primordial germ cells in sturgeons. PLoS One, 9(2): e86861.

实验13　卵巢及雌性生殖细胞的组织学观察

【实验目的】

观察鱼类卵子的发生，了解鱼类雌性生殖腺及生殖细胞的发育规律。

【实验原理】

卵的发生部位是卵巢。卵子的发育过程一般经历卵原细胞、初级卵母细胞、次级卵母细胞和成熟卵细胞等过程。

根据卵巢生长发育各个阶段的不同特点，可将卵巢分为 6 个不同时期。

第 I 期：卵巢腔不明显，结缔组织与血管均不发达。卵原细胞逐渐向早期初级卵母细胞发育（Ⅰ时相）。Ⅰ时相卵母细胞核大，核仁位于核的中部，核与细胞质均呈弱嗜碱性。1龄草鱼卵巢即属此阶段。

第Ⅱ期：可观察到大量初级卵母细胞（Ⅱ时相）。Ⅱ时相卵母细胞胞径40～300μm、核径20～150μm，胞质和核均呈强嗜碱性；核仁数目达数十个，靠近核膜排列；卵母细胞外由一层扁平的滤泡细胞包绕。个体性成熟前的第Ⅱ期卵巢是由第Ⅰ期发展而来的（草鱼由2龄起直到第5冬龄均属此阶段）；性成熟个体经催产后由第Ⅴ期或第Ⅵ期发育而来。第Ⅱ期又可分为初、中、末3个阶段。

初期：胞径40～60μm，胞质布满可被苏木精染色、致密的颗粒，核的一旁有染成蓝色的块状结构，称为旁核。

中期：胞径60～120μm，细胞质中发生分层现象，呈同心圆式的"生长环"。

末期：胞径120～300μm，嗜碱性已较前两阶段减弱。

第Ⅲ期：卵母细胞开始进入生长期（即卵黄形成期，Ⅲ时相）。Ⅲ时相卵母细胞胞径300～600μm，在细胞内缘出现液泡，液泡内含物为黏多糖，随着细胞的生长，液泡逐渐增大且扩大至2～3层；同时卵黄开始沉积于卵母细胞，且由周边逐渐向内积累。细胞外出现薄的放射膜，其外具有2层滤泡细胞。草鱼进入第5龄或5龄以上的雌鱼在冬末或初春则处于此阶段。

第Ⅳ期：卵母细胞进入大生长期，胞质中积满了大量的卵黄颗粒，胞径500～1100μm，称为卵黄充满时期（Ⅳ时相）。本期也可分为三个阶段：①Ⅳ＋时相，胞径600～800μm，核径150～200μm，放射膜增厚至4～5μm，核周尚有嗜碱性细胞质尚未被卵黄颗粒所填充。②Ⅳ＋＋时相，胞径800～900μm，核径180～810μm，卵黄颗粒充满了整个细胞质，核仍居卵母细胞中央。③Ⅳ＋＋＋时相，胞径950～1100μm，整个卵母细胞为卵黄所充满，胞核呈圆形或椭圆形，偏于一极，核仁趋于集中，卵母细胞外层中（皮层）含有皮质液泡（1～3层），质膜外的放射膜厚10～17μm。其外方还具2层滤泡膜，内为扁平立方上皮，外层为单层鳞状斗状。受精孔外环嵌有一小型细胞，称为精孔细胞，这是动物极的标志。草鱼第Ⅳ期卵巢除有Ⅳ时相卵细胞外，尚有第Ⅰ时相、第Ⅱ时相的卵母细胞，很少或没有第Ⅲ时相的卵母细胞。

第Ⅴ期：次级卵母细胞至成熟卵细胞发育阶段。此时相的卵母细胞具有明显的分裂象，处于第二次成熟分裂的中期：原生质极化，在动物极形成胚基；卵外的滤泡已经脱去，精孔细胞消失，核仁脱离核膜边缘向中心移动，并成环状，以后核膜消失，核仁分解，这时卵细胞大小为1150～1200μm，内湖、池塘的草鱼必须催产后才能由第Ⅳ期过渡到第Ⅴ期。

第Ⅵ期：自然退化的卵巢切片中可见有生理死亡的卵子或未被吸收的退化卵，该期卵子易与第Ⅳ时相、第Ⅴ时相的卵子区别，其显著特点是卵核溃散，卵黄颗粒液化成板状，放射膜局部增厚，膜上的放射小管闭塞，最后整个卵子解体，填充在其他细胞的空隙间，为吞噬组织所吸收。草鱼第Ⅵ期卵巢的主要成分为第Ⅱ时相卵母细胞，且尚有一定数量的第Ⅰ时相及少数的第Ⅲ时相的卵母细胞。

【实验用品】

1. 材料

草鱼卵巢组织切片。

2. 仪器和用具

光学显微镜等。

3. 试剂

松柏油、二甲苯等。

【实验步骤】

（1）取草鱼卵巢组织切片置于光学显微镜的载物台上。

（2）首先在低倍镜下找到卵巢视野，再逐步转至高倍镜观察，100倍物镜（油镜）观察前，需在玻片上滴1滴松柏油，再转至100倍镜观察。

（3）观察完成后用二甲苯清理切片和油镜头。

【实验报告】

在光学显微镜下观察不同发育阶段的草鱼卵巢组织切片，区分不同时期的卵母细胞，并拍照记录。

【注意事项】

（1）在切片观察过程中需注意，先用低倍镜观察，再转用高倍镜观察。

（2）油镜使用完后，应及时清理，避免损伤镜头。

【思考题】

查阅资料，思考有哪些因素会影响鱼类卵巢发育。

参 考 文 献

刘筠. 1993. 中国养殖鱼类繁殖生理学. 北京：农业出版社.

实验14　精巢及雄性生殖细胞的组织学观察

【实验目的】

观察鱼类精子的发生，了解鱼类雄性生殖腺和生殖细胞的发育规律。

【实验原理】

精子的发生部位是精巢。精子的发育一般经历精原细胞、初级精母细胞、次级精母细胞、精子细胞和精子5个阶段。

根据精巢生长发育各个阶段的不同特点，可将精巢分为6个不同时期。

第Ⅰ期：精巢组织中可见分散分布的精原细胞。精原细胞呈圆形或卵圆形，胞径15～18μm；核的比例大，核径8～9μm，苏木精染色后，核与胞质均呈嗜碱性。1龄草鱼精巢即处于此阶段。

第Ⅱ期：精原细胞数量增多，排列成束，由结缔组织间隔成精小囊，但无囊腔，为实心的精细管阶段。2龄草鱼精巢即处于此阶段。

第Ⅲ期：精小囊的内囊壁由初级精母细胞及少量的精原细胞组成。3龄草鱼和排精后的精巢即处于此阶段。

第Ⅳ期：精小囊壁由初级精母细胞、次级精母细胞、精子细胞及少量的精原细胞组成，这些不同发育阶段的细胞以同型细胞群成堆排列。初级精母细胞的体积最大，次级精母细胞次之，精子细胞最小且染色最深。4～5龄草鱼精巢和达性成熟年龄个体在冬季时的精巢即处于此阶段。

第Ⅴ期：精小囊壁由精子细胞及变态不完全的精子组成，精巢的壶腹和精囊腔内充满着成熟的精子。

第Ⅵ期：排精后的精巢，精小囊壁为精原细胞和初级精母细胞，囊腔和壶腹中只余存少数精子，而后精巢发育又回至第Ⅲ期。

【实验用品】

1. 材料
草鱼精巢组织切片。

2. 仪器和用具
光学显微镜等。

3. 试剂
松柏油、二甲苯等。

【实验步骤】

（1）取草鱼精巢组织切片置于光学显微镜的载物台上。

（2）首先在低倍镜下找到精巢视野，再逐步转至高倍镜观察，100倍油镜观察前，需在玻片上滴1滴松柏油，再转至100倍镜观察。

（3）观察完成后用二甲苯清理切片和油镜头。

【实验报告】

在光学显微镜下观察不同发育阶段的草鱼精巢组织切片，区分不同时期的生精细胞，并拍照记录。

【注意事项】

（1）在切片观察过程中需注意，先用低倍镜观察，再转用高倍镜观察。

（2）油镜使用完后，应及时清理，避免损伤镜头。

【思考题】

查阅资料，思考影响精巢发育周期的因素有哪些。

参 考 文 献

刘筠. 1993. 中国养殖鱼类繁殖生理学. 北京：农业出版社.

实验15 精子活力的检测

【实验目的】

（1）掌握精子活力检测方法。

（2）了解精液保存的原理并掌握其方法。

【实验原理】

精子活力检测是鱼类繁殖生物学研究的重要手段，在鱼类种质繁殖、远缘杂交及雌核发育研究等方面具有重要的作用。而精子运动所需要的能量来自原生质中的营养物质，由于精子的原生质极少，能量有限，故精子排入水中被激活后的寿命很短。在平常实验过程中通常利用降低精子代谢率的方法来减少能量的消耗，从而达到延长精子寿命的目的。

精液保存（semen preservation）是指精液采出后，人为地创造条件延长精子体外的存活时间，维持其受精能力，扩大利用率，以备人工授精随时取用。精液保存方法目前有常温保存法（15～25℃）、低温保存法（0～5℃）、超低温保存法（-196℃）三种。前两种方法又称液态精液保存法，后一种方法又称冷冻精液保存法。

【实验用品】

1. 材料

雄性亲鱼。

2. 仪器和用具

光学显微镜、高压蒸汽灭菌锅、水浴锅、量筒、量瓶、培养皿、EP管、牙签、载玻片、纱布、吸管等。

3. 试剂

（1）Hank's液：KCl 0.4g、NaCl 8.0g、NaHCO$_3$ 0.35g、KH$_2$PO$_4$ 0.06g、Na$_2$HPO$_4$ · 7H$_2$O 0.09g、Na$_2$HPO$_4$ · 12H$_2$O 0.10g、MgSO$_4$ · 7H$_2$O 0.10g、MgCl$_2$ · 6H$_2$O 0.10g、CaCl$_2$ 0.14g、葡萄糖1.00g，加蒸馏水至1L。

（2）0.4% NaCl等。

【实验步骤】

（1）取雄性亲鱼精液分装于EP管中，检测时，用干燥牙签蘸一小滴精液，点在干净且干燥（用纱布擦干）的载玻片上。

（2）在低倍镜下找到精液的视野，用牙签蘸水划过精液区。观察精子激活情况，记录精子遇水后的存活时间（s）。

（3）分别检查4℃、22℃、32℃保存10min、30min、1h后的精子活力。

（4）分别用H$_2$O、Hank's液、0.4% NaCl稀释精液（稀释液与精液的比例为4∶1）并将其置于小培养皿中（1～2mm厚即可），避光保存1min、2min、5min、10min、30min、1h后检查精子活力。

【实验报告】

根据观察结果，统计完成表15-1。

表15-1　精子活力检测统计表

鱼种	精子暂存条件		精子活力失活时间	结论
	4℃	10min		温度对精子活力的影响：
		30min		
		1h		
	22℃	10min		
		30min		
		1h		
	32℃	10min		
		30min		
		1h		
	H_2O	1min		盐离子平衡对精子活力的影响：
		2min		
		5min		
		10min		
		30min		
		1h		
	Hank's液	1min		
		2min		
		5min		
		10min		
		30min		
		1h		
	0.4% NaCl	1min		
		2min		
		5min		
		10min		
		30min		
		1h		

【注意事项】

如用于观察的精液量少，需先在低倍镜下找到精液滴区域，可以借助牙签等物件指示，尽量保证有1～2mm直径精液液面区域，高浓度精子有利于保存活力。

【思考题】

查阅资料，分析海水鱼类精子保存液的成分与淡水鱼类是否有差异，为什么？

参 考 文 献

刘筠. 1993. 中国养殖鱼类繁殖生理学. 北京：农业出版社.

苏天凤，艾红. 2004. 鱼类精子活力及其超低温保存研究综述. 上海水产大学学报，13（4）：343-347.

第四章 鱼类受精及胚胎发育过程的观察

实验16 人工催产及授精技术

【实验目的】

掌握硬骨鱼催产和人工授精技术，了解鱼类从卵裂、囊胚、原肠胚到出膜期发育过程的形态变化。

【实验原理】

人绒毛膜促性腺激素（human chorionic gonadotrophin，HCG）可促进雌、雄性腺的发育而产卵或排精。人工获取精子和卵子并使两者在体外融合形成受精卵的过程，称为人工授精。受精卵在孵化过程中出现细胞数目和形态的显著变化。促黄体素释放激素类似物（LRH-A）或HCG可促进雌、雄性腺的发育。鱼类由于取材和饲养方便，是研究胚胎发育机制的理想材料。可用人工授精的方法获得受精卵以便对其早期胚胎发育进行整体观察。

【实验用品】

1. 材料

泥鳅。

2. 仪器和用具

体视显微镜、注射器、培养皿、解剖剪、镊子、吸管等。

3. 试剂

HCG、生理盐水等。

【实验步骤】

1. 催青

泥鳅在每年的四五月份为繁殖高峰季节。实验中选取体格健壮的雌、雄泥鳅，按1∶1的比例暂养于水缸中。取雌鱼，在胸鳍基部注射HCG（每条20~30IU）。雄鱼注射剂量减半，也可不注射。注射后24h左右即可产卵。

2. 人工授精

（1）精子悬浮液的制备：用解剖剪剪开腹部，小心取出精巢放入培养皿中（可先在软纸上轻轻滚动以除去血液及肠系膜）。再用解剖剪剪碎精巢，然后加入适量的生理盐水。让精子悬浮液静置15min，即可进行人工授精。

（2）用右手握住催青后即将产卵的泥鳅，使其背部对着右手手心，用左手抓住并伸展它的尾部。右手指由前向后轻轻压鱼的腹部，鱼卵即可由泄殖孔流出，把挤出的卵子放入已激活的精子悬浮液中摇动。静置5～10min后，加入适量清水，再静置5～10min后更换清水，静水孵化（水温28℃，水深2cm左右，注意经常换水），同时在体视显微镜下对不同发育时期的胚胎进行观察和拍照。

【实验报告】

（1）统计人工授精胚胎的受精率、孵化率和存活率。
（2）记录泥鳅胚胎的发育过程。

【注意事项】

在精子和卵子收集过程中注意擦拭鱼体多余的水，避免精子和卵子被水激活。

【思考题】

查阅资料，思考如何能够提高人工授精胚胎的受精率。

参 考 文 献

刘筠. 1993. 中国养殖鱼类繁殖生理学. 北京：农业出版社.

实验17　鱼类受精细胞学观察

【实验目的】

（1）了解鱼类受精的基本过程和原理。
（2）掌握雌、雄鱼类催产技术及人工授精方法。
（3）熟练掌握石蜡切片技术和苏木精-伊红（HE）染色原理。

【实验原理】

受精（fertilization）是生物体在有性生殖过程中，成熟的精子和卵细胞相遇并融合形成受精卵的过程。受精对于维持各种生物前后代体细胞中染色体数目的恒定及生物的遗传和变异都具有重要意义：不仅能启动DNA的复制，而且能激活卵内的mRNA、rRNA等遗传信息，合成出胚胎发育所需要的蛋白质，激活卵内母体信息表达；受精引起卵质重排，为早期胚胎细胞分化奠定了基础。鱼类受精的一般过程分为精卵识别、精子进入卵细胞和卵细胞的皮层反应、雌雄原核的形成与融合三个阶段。

苏木精（hematoxylin，H）是一种碱性染料，可将细胞核和细胞内的核糖体染成蓝紫色，被碱性染料染色的结构具有嗜碱性。伊红（eosin，E）是一种酸性染料，能将细胞质染成红色或淡红色，被酸性染料染色的结构具有嗜酸性。

【实验用品】

1. 材料

雌雄亲鱼。

2. 仪器和用具

光学显微镜、熔蜡箱、切片机、恒温培养箱、吸管、培养皿、载玻片等。

3. 试剂

（1）Smith's液：重铬酸钾0.5g、冰醋酸2.5mL、甲醇10mL、水87.5mL，需要现配现用。

（2）Harris苏木精染液：称取苏木精1g、氧化汞0.5g、硫酸铝钾20g，量取无水乙醇10mL、蒸馏水200mL。将苏木精溶于无水乙醇、硫酸铝钾溶于蒸馏水，将二者混合后煮沸，离火，加入氧化汞，用玻璃棒搅拌，待试剂变为深紫色，立即移入冷水快速冷却，静置一夜，过滤，用棕色小磨口试剂瓶密封保存。使用前加入5%冰醋酸4mL（或冰醋酸3滴）。

（3）0.5%伊红：称取伊红0.5g，量取95%乙醇25mL、蒸馏水75mL。先取少量蒸馏水加入伊红，用玻璃棒将伊红碾碎并搅溶，再加入全部蒸馏水，待完全溶解后加入95%乙醇，最后加入冰醋酸1滴，于白色小磨口试剂瓶密封保存。

（4）中性树胶封片剂：往125mL棕色滴瓶中倒入中性树胶若干，加入适量二甲苯，用吸管调匀，达到一定黏稠度即可。

（5）其他：70%乙醇、90%乙醇、二甲苯、石蜡等。

【实验步骤】

1. 人工催产和授精

对雌雄亲鱼进行催产，并分开暂养。待雌雄亲鱼同步成熟后，将卵子挤入擦净水的面盆中，挤入数滴精液，搅拌均匀后加入清水，搅动2～3min使卵受精。

2. 取材及固定

分别取刚产出的成熟卵，以及受精激活后1min、2min、3min、4min、5min、6min、7min、8min、9min、10min、15min、20min、25min、30min、35min、40min、45min、50min、55min、60min、65min、70min、75min的受精卵，将所取材料用Smith's液固定4～12h。

3. 脱水及透明

固定完毕后，用水漂洗4～12h，用70%乙醇洗涤2～3次，经乙醇梯度逐级脱水后，将材料置于二甲苯中透明处理。

4. 包埋及切片

将已透明的材料置于已熔化的石蜡中，放入熔蜡箱中保温，待石蜡完全浸入组织块后进行包埋。将包埋好的蜡块固定于切片机上，连续切成薄片（6μm厚），贴于载玻片上，放入45℃恒温培养箱中烘干。

5. 染色

将切片经二甲苯脱蜡、乙醇复水后，放入苏木精染液中染色40min，置于酸水及氨水

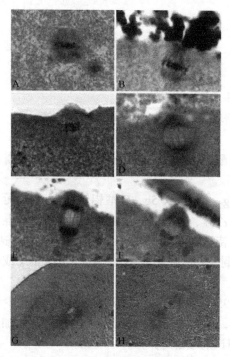

图17-1　鲫鲤杂交鱼受精细胞学观察

A~C. 受精后2~10min, 可见减数第二次分裂中期;
D、E. 受精后解除抑制的减数第二次分裂后期; F. 减
数第二次分裂末期; G. 合子核形成期; H. 受精卵第一
次有丝分裂中期

中分色，用流水冲洗后放入70%和90%乙醇中各脱水10min，放入伊红染液染色2~3min。染色后的切片经乙醇脱水、二甲苯透明后，滴上中性树胶封片剂，盖上盖玻片封固。

6. 观察

（1）成熟卵子的染色体处于第二次成熟分裂中期，在无水环境中可保持较长时间。精子进入卵细胞后，由于精子和水的刺激，卵子很快从第二次成熟分裂中期进入后期、末期，释放出第二极体，留在卵中的单倍体去浓集、核化为雌性原核。皮层反应将形成卵周隙，导致卵膜举起。

（2）精子进入卵细胞后头部逐渐膨大，头后的中心体离开精子并很快在精子周围形成精子星光，随着精子星光的扩大，两中心体之间的距离也相应扩大。在胚盘形成时，精子已膨胀、核化成雄性原核，位于两中心体之间，等待与雌性原核融合。

（3）雌雄原核形成与融合（图17-1）。

【实验报告】

（1）根据观察结果，描述鱼类受精过程中各时段受精激活的卵子的运动趋势，并选择2~3个时间段绘图。

（2）根据观察到的现象，运用以前所学知识，详细论述鱼类受精过程中的细胞学动态（各时段分别描述）。

【注意事项】

包埋时保证胚胎胚帽的纵切方向，需连续切片。

【思考题】

（1）根据实验现象并查阅相关文献，思考鱼类在受精过程中是如何进行精卵识别和卵子受精激活后第二极体外排的。

（2）查阅相关文献，思考石蜡切片制备过程中为什么要进行多次脱水和复水处理。Bouin's液是常用的组织固定液，本实验为什么采用Smith's固定液？

参 考 文 献

张纯. 2005. 雌核发育二倍体鲫鲤产生二倍体卵子的细胞学研究. 长沙：湖南师范大学硕士学位论文.

Liu S J, Duan W, Tao M, et al. 2007. Establishment of the diploid gynogenetic hybrid clonal line of red crucian carp×common carp. Science China Series C: Life Sciences, 50(20): 186-193.

实验18　鱼类胚胎发育过程的观察

【实验目的】

（1）了解硬骨鱼类胚胎发育过程。

（2）通过对早期胚胎连续切片观察，掌握鱼类卵裂、囊胚、原肠胚和神经胚的特点。

【实验原理】

鱼类胚胎发育一般经历一细胞期、二细胞期、四细胞期、八细胞期、多细胞期、囊胚期、原肠胚期、神经胚期、尾芽期、肌肉效应期、孵化期等多个阶段。

【实验用品】

1. 材料

斑马鱼胚胎、四大家鱼早期胚胎切片。

2. 仪器和用具

体视显微镜、光学显微镜、培养皿、吸管等。

【实验步骤】

1. 受精卵观察

鱼类卵子呈圆球状，属端黄卵类型。受精后，细胞质集中到动物极形成盘状，其余部分充塞着卵黄颗粒。

2. 卵裂期观察

（1）二细胞期：卵裂仅在胚盘范围内进行。第一次分裂为经裂，分裂沟未到达底部，形成两个相等的分裂球。

（2）四细胞期：第二次卵裂仍为经裂，分成大小相似的4个分裂球。

（3）八细胞期：第三次卵裂仍为经裂，两个分裂面与第一次分裂面平行，产生8个分裂球。

（4）多细胞期：从第5次分裂起，分裂面渐不整齐，分裂速度也不一致，随着细胞数目的增多，细胞体积越来越小。

3. 囊胚期观察

（1）囊胚早期（高囊胚期）：囊胚细胞较大而数少，囊胚细胞层高隆起在卵黄上。囊胚细胞层与卵黄间为一层卵黄多核体。

（2）囊胚中期：囊胚细胞层隆起降低，在横切片上可观察到囊胚腔。

（3）囊胚晚期（低囊胚期）：细胞较小而数多，囊胚隆起低。

4. 原肠胚期观察

（1）原肠胚早期：细胞向植物极下包至1/2处，胚盘边缘形成一圆圈，即胚环。背唇呈新月形，细胞在背唇处内卷。

（2）原肠胚中期：胚盘下包到2/3处，由背唇卷入的细胞与其上方增厚的外胚层共同组成胚盾。

（3）原肠胚后期：胚盘下包至整个胚胎的3/4，未被包住的部分为卵黄栓。

5. 神经胚期观察

（1）神经板期：细胞下包至胚孔完全封闭，胚体背面外胚层细胞增厚形成神经板。神经板下为脊索，脊索两侧为中胚层细胞。脊索及中胚层下有分散的内胚层细胞。

（2）神经杆期：神经板下形成神经杆。脊索下为一层内胚层细胞。

（3）神经管期：神经杆细胞重排形成神经管。

6. 尾芽期观察

尾芽突出。

7. 肌肉效应期观察

胚胎出现肌肉收缩。

8. 孵化期观察

胚胎即将出膜，胎体在胶膜内滚动、收缩。

【实验报告】

（1）记录斑马鱼胚胎发育过程。

（2）绘囊胚、原肠胚及神经胚横切面图。

【注意事项】

在精子和卵子收集过程中注意擦拭鱼体多余的水，避免精子和卵子被水激活。

【思考题】

查阅资料，思考影响鱼类胚胎发育的因素有哪些。

参 考 文 献

刘筠. 1993. 中国养殖鱼类繁殖生理学. 北京：农业出版社.

Loesser K E, Rafi J, Fine M L. 1997. Embryonic, juvenile, and adult development of the toadfish sonic muscle. Anatomical Record, 249(4): 469.

Weisbart M. 1992. Egg development: from gametes to embryonic development and hatching. *In*: Fletcher G L, Hew C L. Transgenic Fish. Singapore: World Scientific: 1-26.

实验19　鲤科鱼类下咽齿发育的观察

【实验目的】

了解鲤科鱼类胚胎发育过程中下咽齿的形成过程，掌握骨骼染色的基本方法。

【实验原理】

鲤科鱼类下咽齿在骨化过程中会形成"钙结节",可以通过茜素红与钙发生显色反应,产生一种深红色的带色化合物,这样成骨诱导的细胞外面沉积的钙结节则被染成深红色。阿尔新蓝是一种能够特异性地染色软骨细胞胞外基质的染料,发育生物学研究中一般使用该染色方法检测胚胎骨骼的形成和软骨的发育情况。

【实验用品】

1. 材料

鲤和鲫受精卵。

2. 仪器和用具

分析天平、摇摆振荡器、体视显微镜、显微数码成像系统、蓝盖瓶、移液器、量筒、1.5mL EP管、大培养皿等。

3. 试剂

（1）4%多聚甲醛（paraformaldehyde，PFA）。

（2）1mol/L $MgCl_2$：将20.3g $MgCl_2 \cdot 6H_2O$溶于100mL双蒸水中。

（3）2% KOH：将2g KOH溶于100mL双蒸水中。

（4）0.4%阿尔新蓝：取0.4g阿尔新蓝粉末溶于55.5mL 50%乙醇中,于37℃条件下孵育并不断混匀促进溶解,然后加入44.5mL 95%乙醇。

（5）茜素红-阿尔新蓝无酸双染工作液：A液,5mL 0.4%阿尔新蓝＋70mL 95%乙醇＋5mL 1mol/L $MgCl_2$＋20mL双蒸水,常温下避光保存。B液,将0.5g茜素红粉末溶于100mL双蒸水中,于常温下避光保存。A液1mL＋B液10μL（现用现配）。

（6）漂白液（现用现配）：50mL 3% H_2O_2与50mL 2% KOH混合。

（7）其他：PBS、甘油等。

【实验步骤】

（1）在鲤、鲫繁殖季节获取受精卵,在不同恒温条件下（18℃、20℃、22℃和24℃）孵化鲤、鲫的受精卵,待仔鱼脱膜后,间隔6~8h收集不同时期的仔鱼于1.5mL EP管中,每管收集20个,加入1mL 4% PFA于4℃固定过夜。

（2）用移液器移除PFA后,用PBS漂洗2次,每次5min,漂洗过程可在摇摆振荡器上进行,弃漂洗液。

（3）然后加入1mL 50%乙醇在常温下脱水10min,脱水过程可以在摇摆振荡器上进行,弃液体。

（4）加入1mL茜素红-阿尔新蓝无酸双染工作液,常温下避光60r/min振荡过夜。

（5）弃染液,加入1mL双蒸水,倒置混匀后弃液。

（6）加入1mL漂白液,常温下开盖避光静置20min。

（7）小心移除漂白液,加入1mL 20%甘油（含0.2% KOH）,常温下避光振荡30min。

（8）弃液后,加入1mL 50%甘油（含0.25% KOH）,常温下避光振荡过夜。

（9）弃液后,加入1mL 50%甘油（含0.1% KOH）,于4℃避光保存备用。

（10）将上一步保存的胚胎浸泡在1mL 50%甘油（含0.1%KOH）中，用体视显微镜观察，确认下咽齿是否被染色，将下咽齿染色的胚胎进一步在显微镜高倍镜下观察，用牙签或针头调整胚胎的状态，确保能观察到完整的下咽齿，并用显微数码成像系统测量拍照。

【实验报告】

（1）观察鲤、鲫下咽齿的着生部位及着色的时间节点，如受精后天数（dpf）、受精后小时数（hpf）。

（2）比较不同时期鲤、鲫下咽齿的数量，以及下咽齿的形成模式。

【注意事项】

（1）茜素红-阿尔新蓝无酸双染工作液要现用现配，避免染色失败。

（2）漂白液要现用现配，并且移除漂白液要小心，避免发生爆炸等事故。

（3）显微观察过程中，胚胎需要保存在50%甘油（含0.1%KOH）中，用牙签或针头调整胚胎时要注意避免破坏胚胎。

【思考题】

（1）不同温度下，比较同种鱼下咽齿钙化着色的时间节点，分析温度变化对鱼类下咽齿发育速度的影响。

（2）鲤、鲫胚胎发育过程中下咽齿着色的时间节点是否相同？

（3）比较鲤、鲫下咽齿的形成模式。

参 考 文 献

郑雪丹. 2019. Hedgehog信号在斑马鱼牙齿发育及再生中的作用. 重庆：重庆医科大学硕士学位论文.

实验20 鲤科鱼类肌间骨发育的观察

【实验目的】

通过对鲤仔、稚鱼肌间骨骨化时期的形态进行观察，对不同年龄成鱼肌间骨数目、形态分布进行比较分析，了解鲤肌间骨发育的基本规律，确定鲤肌间骨发育的时间节点。

【实验原理】

鱼类肌间骨，也称肌间刺，俗称鱼刺，从低等到高等真骨鱼类，肌间刺经历了从简单到复杂，然后退化的演化现象。肌间刺是肌隔结缔组织不经过软骨阶段直接骨化而成的膜性硬骨。茜素红与钙发生显色反应，产生一种深红色的带色化合物，这样成骨诱导的细胞外面沉积的钙结节被染成深红色。因此，可以通过茜素红染色方法观察鲤仔鱼肌间刺的形成和发育过程。

【实验用品】

1. 材料

鲤初孵仔鱼（受精后10～26d连续取样）、6月龄鲤、18月龄鲤。

2. 仪器和用具

分析天平、摇摆振荡器、体视显微镜、显微数码成像系统、数码相机、高压灭菌锅、蓝盖瓶、移液器、解剖盘、量筒、1.5mL EP管、纱布、镊子等。

3. 试剂

4%多聚甲醛、去离子水、TBST溶液［50mmol/L Tris（pH 7.4）、150mmol/L NaCl、0.1%（V/V）聚乙二醇辛基苯基醚（Triton X-100）］、1% KOH、H_2O_2、胰蛋白酶、0.5%茜素红、甘油等。

【实验步骤】

（1）初孵仔鱼受精后10d开始直至受精后26d，每天取样20尾，仔鱼样品用4%多聚甲醛溶液固定过夜。

（2）先用去离子水漂洗实验鱼样品，以去除固定液。

（3）用TBST溶液温和振荡漂洗，以去除样本组织脂肪，再用去离子水去除残留的TBST溶液。

（4）漂洗后将样本转移至1% KOH溶液，加入1%体积H_2O_2，光照褪去色素。

（5）弃液后，加入1% KOH溶液漂洗，漂洗后转移至胰蛋白酶消化液，消化直至头部组织透明。

（6）将样本移至0.5%的茜素红染液中，37℃染色过夜。

（7）弃染液，用1% KOH溶液漂洗，去除组织中残存染液，再用甘油进行梯度漂洗。

（8）骨骼染色标本用体视显微镜观察，并用显微数码成像系统测量拍照，用作图软件进行图片处理。

（9）将6月龄和18月龄鲤麻醉后，擦干鱼体测量体质量、体长。用纱布包裹鱼体，于高压灭菌锅中0.05～0.1MPa蒸5min左右。待鱼体降温后剥去纱布，于解剖盘中去除皮肤组织，小心剔除肌肉，从尾至头依次取出髓弓小骨和脉弓小骨，按其在鱼体中的位置整齐排列，用数码相机拍照，记录成鱼肌间骨的形态和分布，肌间骨的形态分类参照吕耀平等（2007）的标准。

【实验报告】

（1）根据实验鱼染色连续观察结果，确定实验鱼肌间骨的发生和骨化时间节点。

（2）统计实验鱼成鱼肌间骨的数目、形态和分布特征。

【注意事项】

（1）用TBST溶液振荡漂洗过程中操作要温和，避免破坏鱼体。

（2）用胰蛋白酶消化要注意观察，避免消化不彻底或消化过度。

【思考题】

（1）观察鲤肌间骨形成的顺序是从前向后还是相反，从背部向腹部还是相反？总结鲤肌间骨的形成规律。

（2）分析鲤肌间骨的分布特点，思考鲤肌间骨的主要作用。

参 考 文 献

秉志. 1962. 幼鲤大侧肌隔骨针的观察. 动物学报，14（2）：175-179.

陈琳，田雪，米佳丽，等. 2017. 黄河鲤肌间骨发育的形态学观察. 上海海洋大学学报，26（4）：
　481-489.

柯中和，张炜，蒋燕，等. 2008. 鲢肌间小骨发育的形态学观察. 动物学杂志，43（6）：88-96.

吕耀平，鲍宝龙，蒋燕，等. 2007. 低等真骨鱼类肌间骨的比较分析. 水产学报，31（5）：661-668.

实验21　金鱼胚胎整体免疫组织化学观察

【实验目的】

（1）观察鱼类（金鱼）早期胚胎的发育过程。

（2）掌握鱼类（金鱼）早期胚胎整体免疫荧光组织化学的基本方法和操作技巧。

【实验原理】

免疫组织化学（immunohistochemistry，IHC）又称免疫细胞化学（immunocytochemistry），是利用抗原与抗体特异性结合的原理，通过化学反应使标记抗体的显色剂（荧光素、酶、金属离子、同位素）显色来定位及相对定量组织细胞内抗原（多肽和蛋白质）的一种技术，它能有效地将目的抗原的表达位置及表达量直观地呈现出来。

免疫荧光组织化学分为直接法、夹心法、间接法、补体法。其中直接法和间接法最为常用。直接法：这是最早的方法，用已知特异性抗体与荧光素结合，制成荧光特异性抗体，直接与细胞中的抗原相结合，在荧光显微镜下可见抗原存在部位呈现特异性荧光。此法十分简便，但敏感性较差。间接法：先用特异性抗体（或称第一抗体）与组织标本反应，随后用缓冲液洗去未与抗原结合的抗体，再用间接荧光抗体（也称第二抗体）与结合在抗原上的抗体结合，形成抗原-抗体-荧光抗体复合物。本实验采用异硫氰酸荧光素（FITC）染色法，其属于间接法。

蛋白磷酸酶1（PP1）是非常重要的丝氨酸/苏氨酸型蛋白磷酸酶之一，PP1是由PP1c（35～38kDa）催化亚基及一个或两个以上的调节亚基或靶亚单位形成的寡聚体全酶。PP1c通过与靶/调节蛋白的相互联系，使PP1行使一定的生理功能，它涉及了从细胞内新陈代谢到细胞凋亡的各种细胞生命活动过程。

本实验研究PP1催化亚基PP1c在金鱼胚胎发育过程中的定位表达模式。

【实验用品】

1. 材料

性腺发育良好的雌雄金鱼。

2. 仪器和用具

荧光倒置显微镜、培养皿、大口径胶头吸管、微量移液器、EP管等。

3. 试剂

（1）Holf工作液：称取NaCl 30g、CaCl$_2$ 1g、KCl 0.5g，加双蒸水定容到1000mL，配

成10×Holf工作原液，使用前稀释10倍，煮开，等它冷却后通气12h，然后每升再加0.2g NaHCO₃。

（2）胰蛋白酶：工作浓度为4g/L，作用为去除受精卵卵膜。

（3）琼脂糖平板：每次准备10g琼脂糖粉溶于500mL双蒸水中，在电磁炉上加热并充分搅拌，待加热至溶液透明澄清为止，并去除溶液中的泡沫，然后将培养基溶液分别倒入大、小培养皿中，注意倒入的培养基不要产生气泡，培养基的厚度以2～3mm为宜。然后加入约10mL Holf工作液，防止琼脂糖平板干燥和长菌。

（4）PBS：NaCl 8.0g、KCl 0.2g、KH₂PO₄ 0.3g、Na₂HPO₄ 1.15g，加双蒸水定容到1000mL，调pH至7.2。

（5）PBSST：用PBS配制，其中含有5%的胎牛血清与0.1%的Triton X-100。

（6）其他：0.5%乙基苯基聚乙二醇（NP-40）（PBS配制）、甲醇、30% H₂O₂、0.1% Triton X-100（PBS配制）、5%胎牛血清、4%～8%多聚甲醛、抗PP1c抗体（一抗）、抗鼠抗体（二抗）。

【实验步骤】

1. 胚胎的获得

（1）用手轻压雌鱼腹部收集成熟卵子至培养皿；将精液挤入同一培养皿中，并使精液分散均匀。加水并迅速转动培养皿20～30s，使精子和卵子充分接触，完成受精过程。

（2）脱膜：换水清洗1～2次，加4g/L胰蛋白酶，轻轻摇动培养皿。15～20min后，用大口径胶头吸管小心地吸取已脱膜的卵子，放入Holf工作液中清洗（脱膜的受精卵十分脆弱，吸取时动作要轻缓）。

（3）用Holf工作液清洗2～3次后，将卵子吸到有琼脂糖的中号培养皿中（加入约10mL Holf工作液）。每隔4h更换一次Holf工作液。

2. 胚胎整体免疫组织化学染色

（1）用大口径胶头吸管吸取二细胞、八细胞、早囊胚、晚囊胚、原肠胚、神经胚、视原基、体色素及出膜等时期金鱼胚胎各50个置于5mL EP管中，用4%～8%多聚甲醛及时固定2～4h。

（2）用PBS洗两次后用0.5% NP-40洗两次，每次10min。

（3）分别用1∶3、1∶1、3∶1甲醇与PBS混合液及100%甲醇洗涤，每次15min。

（4）将甲醇与H₂O₂（30%）以5∶1配制成混合液，并用其洗涤2h，注意在4℃条件下进行，且轻轻摇动，以去除内源性过氧化物酶的影响。

（5）用甲醇漂洗10min后，再分别用3∶1、1∶1、1∶3甲醇与PBS混合液及0.1% Triton X-100洗涤，每次15min。

（6）用PBSST洗2次，每次30～60min。

（7）杂一抗（PBSST配制，浓度为1∶500～1∶300），于4℃冰箱过夜。

（8）第二天从冰箱中取出胚胎，室温放置30min后用PBSST洗两次，每次15min。然后于4℃条件下用PBSST洗5次，每次1h，然后杂二抗（PBSST配制，浓度为1∶500，避光操作），于4℃冰箱过夜。

（9）第二天从冰箱中取出胚胎，室温放置30min后用PBSST洗两次，每次15min。然后于4℃条件下用PBSST洗5次，每次1h，最后在荧光倒置显微镜下观察并拍照（图21-1）。

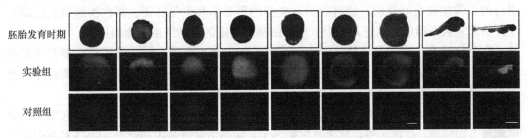

图21-1 胚胎整体免疫组织化学观察PP1c在金鱼胚胎发育过程中的定位表达

实验组：从左至右依次为蛋白磷酸酶PP1c在二细胞、八细胞、早囊胚、晚囊胚、原肠胚、神经胚、视原基、体色素、出膜等不同胚胎发育时期的定位表达。从二细胞到视原基，放大倍数：标尺＝0.3mm；从体色素至出膜，放大倍数：标尺＝0.5mm

【实验报告】

观察并记录PP1c在金鱼胚胎发育过程中的表达特征。

【注意事项】

由于荧光容易猝灭，因此尽量2h内完成拍照。

【思考题】

为什么实验过程中要加入H_2O_2？

参 考 文 献

刘文彬. 2007. 蛋白磷酸酶PP1和PP2A在脊椎动物体内分化表达模式的研究. 长沙：湖南师范大学博士学位论文.

Liu W B, Hu X H, Zhang X W, et al. 2013. Protein serine/threonine phosphotase-2A is differentially expressed and regulates eye developmentin vertebrates. Curr Mol Med, 8(13): 1376-1384.

Liu W B, Yan Q, Liu F Y, et al. 2012. Protein serine/threonine phosphotase-1 is essential in governing normal development of vertebrate eye. Curr Mol Med, 10(12): 1361-1371.

实验22 金鱼胚胎细胞凋亡及检测

【实验目的】

（1）了解细胞凋亡的基本原理。

（2）掌握DAPI染色检测鱼类囊胚期细胞凋亡的实验方法。

【实验原理】

细胞凋亡是一种有序的或程序性的细胞死亡方式，是细胞接受某些特定信号刺激后进行的正常生理应答反应。该过程具有典型的形态学和生化特征，凋亡细胞最后以凋亡小体的形式被吞噬消化。它是一个主动的由基因决定的自动结束生命的过程。

在生物发育过程中及成体组织中，正常的细胞凋亡有助于保证细胞只在需要它们的时间和需要它们的地方存活。这在多细胞生物个体发育的正常进行、自稳平衡的保持及抵御外界各种因素的干扰方面都起着非常关键的作用。

细胞凋亡的诱导因子有物理性因子，包括射线（紫外线、γ射线等），以及较温和的温度刺激（如热激、冷激）等；化学及生物因子，包括活性氧基团和分子、DNA和蛋白质合成的抑制剂、激素、细胞生长因子、肿瘤坏死因子α（TNF-α）等。

细胞凋亡的检测方法有多种，如流式细胞分析、烟酸己可碱（Hoechst）染色法、DAPI染色法、TUNEL测定法（dUTP缺口末端标记法）、DNA梯形条带（DNA ladder）检测法、彗星电泳等。也可以利用形态学观测，如台盼蓝被活细胞排斥，但可使死细胞着色；用吉姆萨染色可以观察染色质固缩、凋亡小体的形成等；用透射和扫描电镜可以观察凋亡细胞核的形态、结构变化，如染色体固缩、凋亡小体的形成等现象。

本试验采用DAPI染色法检测鱼类囊胚期细胞的凋亡。

【实验用品】

1. 材料

金鱼胚胎。

2. 仪器和用具

荧光倒置显微镜、培养皿、胶头吸管、EP管等。

3. 试剂

Holf工作液、4g/L胰蛋白酶、琼脂糖平板、PBS、10%甲醛、0.01% DAPI、0.01%二甲基亚砜（DMSO）、100nmol/L抑制剂［冈田酸，又叫奥克代酸（Okadaic acid, OA）］等。

【实验步骤】

1. 胚胎的获得

具体操作方法同实验21。

2. DAPI染色检测囊胚期胚盘分裂细胞的凋亡情况

（1）取培养至囊胚期的金鱼胚胎60枚，轻轻吸入10mL EP管中，缓慢加入5mL PBS洗涤3次，每次5min。

（2）把胚胎分成3组，分别吸入5mL EP管，每组20枚胚胎，第一组为正常组，第二组为0.01% DMSO培养的DMSO组，第三组为实验组——加入100nmol/L抑制剂处理25min，诱导胚盘分裂细胞的凋亡后加入2～3mL PBS洗3次，每次5min；正常组与DMSO组作为对照组。

（3）轻轻滴入10%甲醛固定2h。

（4）用胶头吸管吸干甲醛，同样用PBS洗3次，每次5min，然后加入0.01% DAPI染色1～2h（用铝箔纸包裹EP管避光）。

（5）吸干DAPI，再用PBS洗3次，每次5min，然后在荧光倒置显微镜下观察并拍照（图22-1）。

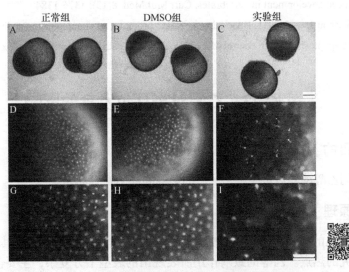

图22-1　金鱼囊胚期细胞凋亡检测结果

A. 处于囊胚期的正常组金鱼胚胎；B. 处于囊胚期的DMSO组金鱼胚胎；C. 处于囊胚期的实验组金鱼胚胎；D. 处于囊胚期的正常组金鱼胚胎DAPI染色；E. 处于囊胚期的DMSO组金鱼胚胎DAPI染色；F. 处于囊胚期的实验组金鱼胚胎DAPI染色；G. 为D的放大；H. 为E的放大；I. 为F的放大。放大倍数：A～C，标尺＝1mm；D～F，标尺＝0.1mm；G～I，标尺＝0.1mm

【实验报告】

（1）观察并记录对照组与诱导凋亡的因子处理后的实验组金鱼胚胎发育的差异，包括死亡率、存活率、畸形率等。

（2）用荧光倒置显微镜观察实验组与对照组并拍照。

（3）总结实验过程中的经验与不足。

【注意事项】

（1）吸取胚胎和洗涤过程一定注意动作轻柔，否则容易损坏胚胎。

（2）DAPI染色时要用铝箔纸包裹EP管避光。

（3）由于DAPI染色容易猝灭，尽量在2h内完成拍照。

【思考题】

（1）简述细胞凋亡检测的几种方法。

（2）细胞凋亡有何生物学意义？

参 考 文 献

刘文彬. 2007. 蛋白磷酸酶PP1和PP2A在脊椎动物体内分化表达模式的研究. 长沙：湖南师范大学

博士学位论文.

翟中和, 王喜忠, 丁明孝. 2011. 细胞生物学. 4版. 北京: 高等教育出版社.

Liu W B, Hu X H, Zhang X W, et al. 2013. Protein serine/threonine phosphotase-2A is differentially expressed and regulates eye development in vertebrates. Curr Mol Med, 8(13): 1376-1384.

Zhang L, Sun S, Zhou J, et al. 2011. Knock down of Akt1 promotes Akt2 upregulation and resistance to oxidative stress-induced apoptosis through control of multiple signaling pathways. Antioxid Redox Signal, 15(1): 1-17.

实验23　乙醇对斑马鱼发育的影响

【实验目的】

探索不同乙醇浓度对鱼类早期胚胎的影响和胚胎发育周期。

【实验原理】

乙醇是常见的致畸原。国内外就乙醇的毒性机制做了很多研究, 其中乙醇引起的发育异常是研究的热点。乙醇的致畸作用所表现出的表型十分复杂, 主要包括心前区水肿、循环系统发育障碍、体轴发育畸形、双侧肝脏、前脑发育畸形等表型。鱼类胚胎对乙醇溶液的敏感度, 不仅与其发育时期有关系, 而且与接触乙醇溶液的浓度有关系。

【实验用品】

1. 材料

斑马鱼。

2. 仪器和用具

体视显微镜、倒置显微镜、荧光显微镜、光照培养箱、96孔板、吸管等。

3. 试剂

乙醇、5mg/L吖啶橙等。

【实验步骤】

（1）受精卵的获得: 实验前一晚按2:1的比例选取健康的性成熟活泼斑马鱼的雄鱼和雌鱼放入盛有养殖水的交配盒中, 用隔板隔开, 进行遮光处理。次日上午将隔板拿开, 雌雄鱼追逐开始产卵, 并记录产卵时间。30min后将鱼卵挑出并于静水中培养。

（2）乙醇处理: 在受精卵发育12h（12hpf）和24h（24hpf）时, 在体视显微镜下用吸管挑选发育正常的斑马鱼胚胎, 移至96孔板的样孔中, 每孔一枚。样孔中已预先加入新配好的乙醇溶液, 每8个孔为同一浓度溶液, 对照为胚胎培养用水, 然后加盖封闭, 置于光照培养箱（28℃）内, 让胚胎继续发育。

（3）观察: 在受精卵发育72h（72hpf）时, 于倒置显微镜下观察96孔板样孔中胚胎的存活、循环系统发育状况, 以及斑马鱼的眼睛发育状况。

（4）72hpf的孵化仔鱼用5mg/L吖啶橙溶液在28.5℃恒温避光染色30min, 染色结束后用胚胎培养液漂洗3次，每次漂洗5min，直到染色剂漂洗干净，用荧光显微镜观察斑马鱼暴露后的细胞凋亡情况。

（5）将上述实验过程重复3次，同一次用同一批受精卵，以尽量减小误差。

【实验报告】

（1）统计不同乙醇浓度梯度下胚胎的存活率。

（2）统计不同乙醇浓度梯度下胚胎的畸形率。

（3）观察不同乙醇浓度梯度下斑马鱼眼睛大小的变化。

【思考题】

乙醇还会影响斑马鱼的哪些器官，造成什么影响？

参 考 文 献

李爱君，张玉茹，夏雪梅，等. 2019. 乙醇对斑马鱼胚胎发育的急性毒害效应. 西华大学学报（自然科学版），（6）：27-31.

钱林溪. 2006. 乙醇对斑马鱼早期胚胎发育的影响及其分子机制研究. 上海：复旦大学博士学位论文.

王思锋，刘可春，韩利文，等. 2007. 溶剂乙醇对斑马鱼胚胎发育的影响. 山东科学，20（3）：10-14.

实验24 PP2A抑制剂对金鱼早期胚胎发育的影响

【实验目的】

（1）了解抑制剂干扰的基本原理。

（2）掌握抑制剂干扰鱼类早期胚胎发育的操作方法和技术。

（3）观察抑制剂处理对鱼类早期胚胎发育和器官建成的影响。

【实验原理】

蛋白磷酸酶2A（PP2A）是非常重要的丝氨酸/苏氨酸型蛋白磷酸酶之一，它由全酶与核心酶组成，核心酶由36kDa的催化亚基C亚基与一个65kDa的调节亚基A亚基构成，全酶则是核心酶与好几个调节亚基B亚基中的一个结合组成。PP2A在许多生命活动过程中扮演了重要的角色，包括细胞的分化、发育、形态发生、器官的功能及肿瘤的发生等。

花萼海绵素A（calyculin A）是一种磷酸化的聚乙酰，包含一个磷酸盐基团，与PP2A结合抑制PP2A的活性。

【实验用品】

1. 材料

性腺发育良好的雌雄金鱼。

2. 仪器和用具

石蜡切片机、倒置显微镜、光学显微镜、培养皿、大口径胶头吸管、EP管等。

3. 试剂

（1）波恩氏液：将75mL饱和苦味酸加入25mL 40%甲醛中，分装至1.5~2mL的EP管中，使用前每支EP管中加入75μL冰醋酸，用于固定胚胎。

（2）抑制剂工作液：将花萼海绵素A粉剂100μg溶于1L的DMSO中，配成99nmol/L的抑制剂原液，−80℃避光储存。使用前用Holf工作液稀释10 000倍。

（3）0.01%的DMSO液：用Holf工作液配制。

（4）其他：Holf工作液、4g/L胰蛋白酶、琼脂糖平板、75%乙醇、苏木精染液（配制方法同实验17）、0.5%伊红等。

【实验步骤】

1. 胚胎的获得

具体操作方法同实验21。

2. 抑制剂处理胚胎

（1）将鱼类受精卵脱膜之后立即把胚胎分成3组，即用一定浓度的抑制剂工作液培养的抑制组、用DMSO液培养的DMSO组和用Holf工作液培养的正常组（其中DMSO组和正常组为对照组），每组各准备3个培养皿。

（2）每发育一个时期，分别取材用于后面的实验，同时观察比较抑制剂处理对胚胎发育不同时期表型的影响。

（3）计数：在胚胎培养的过程中，每发育一定时间，对正常组、DMSO组和抑制组进行观察、计数，统计每个主要发育阶段中胚胎的死亡率和存活率。

（4）显微观察：用倒置显微镜照相拍取正常组、DMSO组和抑制组金鱼胚胎的表型图。

3. 固定

分别选取正常组、DMSO组和抑制组一定数量的胚胎（一般5~10个），用波恩氏液固定24h。

4. 染色

上述胚胎用75%乙醇洗涤干净，去除波恩氏液，然后于75%乙醇中保存，用于常规石蜡切片与HE染色。染色方法同实验17。

5. 观察

用光学显微镜观察并拍照，比较PP2A抑制剂处理对鱼类早期胚胎发育和器官建成的影响（图24-1）。

【实验报告】

（1）观察并记录金鱼胚胎的受精率、孵化率及存活率。

（2）观察并记录正常组、DMSO组和抑制组金鱼胚胎发育的差异。

（3）用光学显微镜观察并拍照正常组、DMSO组和抑制组金鱼胚胎发育的表型图。

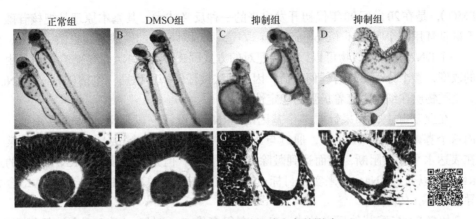

图24-1　抑制剂对金鱼早期胚胎眼睛发育的影响

A. 处于出膜期的正常组金鱼胚胎表型；B. 处于出膜期的DMSO组金鱼胚胎表型；C~D. 处于出膜期的抑制
组金鱼胚胎表型；E. 处于出膜期的正常组金鱼眼睛HE染色；F. 处于出膜期的DMSO组金鱼眼睛HE染色；
G、H. 处于出膜期的抑制组金鱼眼睛HE染色。放大倍数：A~D，标尺＝1mm；E~H，标尺＝0.1mm

【注意事项】

注意抑制剂工作液的配制。

【思考题】

（1）简述抑制剂干扰的基本原理。

（2）抑制剂处理对鱼类早期胚胎发育和器官建成有何影响？

（3）石蜡切片过程中展片、修块及苏木精-伊红染色要注意哪些细节？

参 考 文 献

刘文彬. 2007. 蛋白磷酸酶PP1和PP2A在脊椎动物体内分化表达模式的研究. 长沙：湖南师范大学
博士学位论文.

Liu W B, Yan Q, Liu F Y, et al. 2012. Protein serine/threonine phosphotase-1 is essential in governing normal
development of vertebrate eye. Curr Mol Med, 10(12): 1361-1371.

实验25　PP2A反义寡核苷酸干扰金鱼早期胚胎发育

【实验目的】

（1）了解反义寡核苷酸（morpholino oligomer，MO）技术干扰的基本原理。

（2）掌握反义寡核苷酸技术的基本操作方法。

（3）观察显微注射反义寡核苷酸对鱼类早期胚胎发育和器官建成的影响。

【实验原理】

反义寡核苷酸全称是磷酰二胺吗啉低聚物（phosphorodiamidate morpholino oligomer,

PMO），是在20世纪90年代初开发出来的一种反义技术。其基本原理是把核苷酸上面的五碳糖环用一个吗啉环（morpholino）取代，同时对原有的磷酸基团也做了改变，使得这样一个DNA分子类似物可以以碱基配对的方式同RNA和DNA单链结合，但是由于结构的改变，整个分子不带有任何电荷，因此无法被任何酶所识别，包括DNase和RNase，因此这类物质在细胞内有着极强的稳定性。

在此基础上，如果针对某个基因的mRNA，设计一段反义的PMO寡聚物，在细胞内这个寡聚物和RNAi一样，通过与mRNA结合来阻断这个mRNA的翻译，使某个基因在表达水平上被阻断，继而达到敲除基因的目的。但是这种技术与RNAi不同的地方是RNAi可以通过RNase H来实现目标mRNA的降解，而单独的PMO与mRNA结合并不能导致mRNA的降解。

比较RNAi等其他反义技术，PMO有很多优点。例如，PMO不会被任何酶所降解，在细胞内的稳定性极强，而且对细胞无毒副作用，并且不会和人工合成的RNA一样，会激活细胞干扰素的分泌，激起免疫应答。但PMO特殊的分子结构导致其不带有任何电荷，使得PMO无法被细胞表面的任何受体所识别，因此不能通过转染的方式导入细胞。要将PMO分子导入细胞，只有通过物理损伤细胞膜的方式来实现PMO的进入，这个缺陷极大地影响了PMO作为一种可能的基因特异性药物或是敲除基因工具的研究。

【实验用品】

1. 材料
性腺发育良好的雌雄金鱼。

2. 仪器和用具
显微注射仪、石蜡切片机、倒置显微镜、光学显微镜、培养皿、大口径胶头吸管、不同体积的微量移液器及吸头、显微注射针和凹槽板等。

3. 试剂
Holf工作液、波恩氏液、乙醇、HE染色所用试剂、4g/L胰蛋白酶、琼脂糖、PBS等。波恩氏液配制同实验24，其他试剂配制同实验21。

反义寡核苷酸，浓度按说明书进行稀释。

【实验步骤】

1. 合成PMO
根据实验所需，针对某个基因的mRNA，设计一段反义的PMO，并送生物公司进行合成；本实验所用反义寡核苷酸为PP2A-MO。

2. 鱼类人工授精
用常规方法选取性腺发育良好的雌雄个体作为亲鱼，亲鱼雌鱼经过强化培育达到性腺隆起明显时，进行人工催产。将成熟卵子和精子人工挤出，采用湿法授精，挑选质量好的受精卵（近似球状、透明）作为显微注射的实验材料。

具体操作方法同实验17。

3. 显微注射
选取制备好的受精卵，于受精卵胚盘举起，但未分裂成二细胞时进行显微注射。以注射PP2A-MO的胚胎为实验组，注射空载体的胚胎作为对照组。

具体操作方法如下。

（1）拉针：使用水平拉针仪制备孔径2～10μL粗细的注射鱼类胚胎用的显微注射针。

（2）制备一个带有凹槽［凹槽宽度为（0.95±0.05）mm、深度为（1.00±0.05）mm］的浓度为2%的琼脂糖平板。

（3）取少量受精卵在倒置显微镜下观察，轻轻吸取质量好的受精卵移入凹槽中，至大部分受精卵动物极隆起后准备显微注射。

（4）将稀释成工作浓度的PMO或空载体液装入注射针中，注射针与凹槽板呈45°进行注射；为避免注射过程中细胞质逆流，设置显微注射仪的保持压为0.1～3psi[①]（pound per square inch），注射过的受精卵应及时转移到胚胎培养液中，以防受精卵破裂。

4. 计数

在胚胎培养的过程中，每发育一定时间，对实验组与对照组进行观察、计数，统计每个主要发育阶段中胚胎的死亡率和存活率。

5. 显微观察

用倒置显微镜拍取实验组与对照组鱼类胚胎的表型图。

6. 固定

分别选取实验组与对照组一定数量的胚胎（一般5～10个），用波恩氏液固定24h。

7. 染色

操作方法同实验24。

8. 观察

用光学显微镜观察并拍照，比较注射外源PP2A-MO对鱼类早期胚胎发育和器官建成的影响（图25-1）。

【实验报告】

（1）观察并记录金鱼胚胎的受精率、孵化率及存活率。

（2）观察并记录PP2A-MO干扰后金鱼胚胎的发育与对照组的差异。

（3）光学显微镜观察并拍照实验组与对照组金鱼器官发育的组织学结构。

【注意事项】

（1）设计合适的PMO。

（2）在胚胎动物极胚盘举起，分裂成

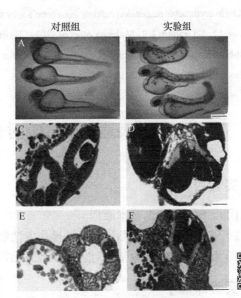

对照组　　　　　实验组

图25-1　PP2A反义寡核苷酸技术对金鱼早期胚胎
发育的影响

A. 处于出膜期的对照组金鱼胚胎表型；B. 处于出膜期的实验组金鱼胚胎表型；C. 处于出膜期的对照组金鱼眼睛HE染色；D. 处于出膜期的实验组金鱼眼睛HE染色；E. 处于出膜期的对照组金鱼脊柱HE染色；F. 处于出膜期的实验组金鱼脊柱HE染色。放大倍数：A、B，标尺＝1mm；C～F，标尺＝0.1mm

---

① 1psi＝6.895kPa

二细胞之前进行显微注射。

【思考题】

（1）简述PMO的基本原理。

（2）显微注射外源PMO对鱼类早期胚胎发育和器官建成有何影响？

参 考 文 献

刘文彬. 2007. 蛋白磷酸酶PP1和PP2A在脊椎动物体内分化表达模式的研究. 长沙：湖南师范大学博士学位论文.

Du L, Gatti R A. 2011. Potential therapeutic application of antisense morpholino oligonucleo tides in modulation of splicing in primary immunodeficiency diseases. Immunol Methods, 365(1-2): 1-7.

Liu W B, Hu X H, Zhang X W, et al. 2013. Protein serine/threonine phosphotase-2A is differentially expressed and regulates eye development in vertebrates. Curr Mol Med, 8(13): 1376-1384.

Liu W B, Yan Q, Liu F Y, et al. 2012. Protein serine/threonine phosphotase-1 is essential in governing normal development of vertebrate eye. Curr Mol Med, 10(12): 1361-1371.

Mutyam V, Puccetti M V, Frisbie J, et al. 2011. Endo-porter-mediated delivery of phosphorodiamidate morpholino oligos (PMOs) in erythrocyte suspension cultures from cope's gray treefrog *Hyla chrysoscelis*. Biotechniques, 50(5):329-332.

Popplewell L J, Graham I R, Malerba A, et al. 2011. Bioinformation and functional optimization of antisense phosphorodiamidate morpholino oligomers (PMOs) for therapeutic modulation of RNA splicing in muscle. Methods Mol Biol, 709: 153-178.

实验26　过表达PP2A-C$_\alpha$对金鱼早期胚胎发育的影响

【实验目的】

（1）了解过表达的基本原理。

（2）掌握鱼类早期胚胎过表达的操作方法和技术。

（3）观察过表达外源基因对鱼类早期胚胎发育和器官建成的影响。

【实验原理】

把目的基因置于适当的载体中，转化细菌后，筛选所需的细菌克隆。摇菌后可得到大量含目的基因的表达载体，然后把表达载体显微注射入刚受精的鱼类受精卵中，从而观察并记录其对鱼类早期胚胎发育和器官建成的影响。

PP2A-C$_\alpha$为蛋白磷酸酶2A（PP2A）催化亚基C亚基的两个异构体之一。

【实验用品】

1. 材料

性腺发育良好的雌雄金鱼。

2. 仪器和用具

显微注射仪、石蜡切片机、荧光倒置显微镜、光学显微镜、培养皿、大口径胶头吸管、不同体积的微量移液器及吸头、显微注射针和凹槽板等。

3. 试剂

Holf工作液、波恩氏液、载体质粒、质粒提取试剂盒、菌株、HE染色所用试剂、4g/L胰蛋白酶、琼脂糖、琼脂糖平板、PBS等。波恩氏液配制同实验24，其他试剂配制同实验21。

【实验步骤】

1. 按常规方法构建目的过表达载体

主要步骤如下。

1）载体选择　　本实验选用表达载体pCI-neo，选择的双酶切位点为*Eco*R I 和*Not* I 。

2）DNA编码序列（coding DNA sequence，CDS）片段克隆　　根据目的基因PP2A-C$_\alpha$的序列设计引物，并在正、反向引物5′端分别加入*Eco*R I 和*Not* I 酶切位点，经PCR、胶回收，纯化获得CDS片段。将获得的CDS片段与通用克隆载体pMD-18-T于16℃连接过夜。转化：将菌液涂布于平板，于37℃倒置培养12～14h，挑取单克隆，经菌落PCR筛选，测序。

3）质粒构建　　将pMD-18-T-CDS质粒与载体质粒pCI-neo分别进行双酶切，纯化回收，获得带黏性末端的CDS片段和线性化载体，将目的片段与线性化载体连接、转化、测序。

2. 受精卵的获得

用常规方法进行鱼类人工授精，获得受精卵。

具体操作方法同实验17。

3. 显微注射

选取制备好的受精卵，于受精卵胚盘举起，但未分裂成二细胞时进行显微注射。以注射PP2A-MO的胚胎为实验组，注射空载体的胚胎作为对照组。

具体操作方法同实验25。

4. 计数

在胚胎培养的过程中，每发育一定时间，对实验组和对照组进行观察、计数，统计每个主要发育阶段中胚胎的死亡率和存活率。

5. 显微观察

用荧光倒置显微镜拍取实验组和对照组鱼类胚胎的表型图。

6. 固定

选取一定数量（一般5～10个）的实验组和对照组不同发育时期的鱼类胚胎，用波恩氏液固定24h。

7. 染色

操作方法同实验24。

8. 观察

用光学显微镜观察并拍照，比较过表达外源基因对鱼类早期胚胎发育和器官建成的影响（图26-1）。

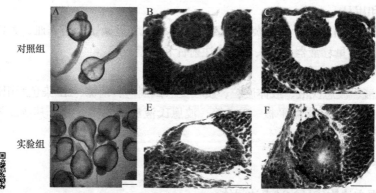

图26-1 过表达PP2A-C$_\alpha$对金鱼早期胚胎发育的影响

A. 处于出膜期的对照组金鱼胚胎表型；B、C. 处于出膜期的对照组金鱼眼睛HE染色；D. 处于出膜期的实验组（过表达PP2A-C$_\alpha$）金鱼胚胎表型；E、F. 处于出膜期的实验组（过表达PP2A-C$_\alpha$）金鱼眼睛HE染色。放大倍数：A、D，标尺=1mm；B、C、E、F，标尺=0.1mm

【实验报告】

（1）观察并记录金鱼胚胎的受精率、孵化率及存活率。

（2）观察并记录实验组和对照组金鱼胚胎发育的差异。

（3）用光学显微镜观察并拍照记录实验组和对照组金鱼器官发育的组织学差异。

【注意事项】

（1）选择合适的载体。

（2）注意显微注射的技巧。

【思考题】

（1）简述过表达外源基因的基本原理。

（2）过表达外源基因对鱼类早期胚胎发育和器官建成有何影响？

参 考 文 献

刘文彬. 2007. 蛋白磷酸酶PP1和PP2A在脊椎动物体内分化表达模式的研究. 长沙：湖南师范大学博士学位论文.

Liu W B, Hu X H, Zhang X W, et al. 2013. Protein serine/threonine phosphotase-2A is differentially expressed and regulates eye development in vertebrates. Curr Mol Med, 8(13): 1376-1384.

Liu W B, Yan Q, Liu F Y, et al. 2012. Protein serine/threonine phosphotase-1 is essential in governing normal development of vertebrate eye. Curr Mol Med, 10(12): 1361-1371.

第三篇

鱼类杂交及选择育种

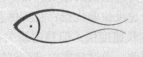

第六章 鱼类杂交及鉴定

实验27 日本白鲫×红鲫种间杂交后代个体发育比较观察

【实验目的】

（1）掌握鱼类种间正反杂交胚胎发育不同时期的辨别标准，以及统计胚胎受精率、孵化率的方法。

（2）了解鱼类种间正反杂交人工授精的过程及有关技术。

【实验原理】

杂交能够将遗传物质组成不同的两个个体或者群体的遗传物质重新组合，从而形成新的具有杂交优势的后代。通过杂交可以形成具有遗传变异的群体，如果这个群体可以继续稳定地繁衍下去，就有可能形成有遗传变异的品系乃至新的物种。日本白鲫属于鲤形目鲤科鲫属日本白鲫种；红鲫属于鲤形目鲤科鲫属鲫种；染色体数都为100。因此，二者间的杂交属于种间层次的杂交。日本白鲫体色为白色，具有体背高、头部小、尾柄短、繁殖力强、生长速度快等优点；红鲫体色为红色，具有抗逆性强、肉质甜而鲜嫩等优点。日本白鲫虽然生长速度快，但是肉质欠佳；红鲫虽然肉质甜而鲜嫩，但是生长速度比不上日本白鲫。因此，通过日本白鲫和红鲫间的杂交有望培育出具有生长速度快、肉质好、抗逆性强等优点的鲫。

【实验用品】

1. 材料

日本白鲫、红鲫。

2. 仪器和用具

净水孵化装置、体视显微镜、培养皿、无菌注射器、羽毛等。

3. 试剂

促黄体素释放激素类似物（LRH-A）、人绒毛膜促性腺激素（HCG）等。

【实验步骤】

1. 人工催产

当年的4～5月，当水温稳定在20℃以上时，为雌性和雄性日本白鲫、雌性和雄性红鲫注射LRH-A与HCG的混合催产剂进行催产，根据实验鱼的性腺发育程度选择最佳的催产药用量。LRH-A的用量为6～12μg/kg，HCG的用量为400～800IU/kg；先注射母本亲鱼日本白鲫/红鲫，4～5h后再注射父本亲鱼红鲫/日本白鲫，父本亲鱼的注射剂量减半；注射完毕后将母本亲鱼、父本亲鱼放入同一产卵缸中，开流水刺激其性腺发育，在催产药效应时间来临的前一小时，停止注水，让鱼在静水中"追尾"待产。注射时优选采用胸鳍基部无鳞处腹腔一针注射法，以提高亲鱼的存活率。

2. 授精孵化

挑选产卵顺利（轻轻挤其腹部能顺利产出墨绿色的卵子）的母本亲鱼日本白鲫/红鲫，与产精顺利（轻轻挤其腹部能顺利产出乳白色精液）的父本亲鱼红鲫/日本白鲫进行人工干法授精，用干净毛巾擦拭亲鱼表面的水分，用羽毛均匀搅动不锈钢碗中的卵子与精液使其充分受精，两种杂交组合（雌性日本白鲫×雄性红鲫、雌性红鲫×雄性日本白鲫）的受精卵置于水温为20～21℃的净水孵化装置中分别进行流水孵化。

3. 胚胎受精率、孵化率的统计

用于统计的培养皿，用记号笔在皿底反面画好统计专用的线条便于统计；将收集获得的受精卵均匀地铺在提前放置了常温水的统计专用培养皿中，计算胚胎总数（n）。一般在24h后计算未受精（卵黄凝结，胚胎通体呈白色）的胚胎数（x），分别计算两种杂交组合（雌性日本白鲫×雄性红鲫、雌性红鲫×雄性日本白鲫）的胚胎受精率$[(n-x)/n×100\%]$；一般在96h后，观察和计算两种杂交组合的胚胎孵化数（h），并计算孵化率（$h/n×100\%$）。

4. 胚胎发育时序及特征

在放大倍数为40倍的体视显微镜下观察两种杂交组合（雌性日本白鲫×雄性红鲫、雌性红鲫×雄性日本白鲫）的胚胎发育过程，包括卵裂期、囊胚期、原肠胚期、神经胚期和孵化期等发育时期，观察胚胎内发育状况和胚胎的形态异常特征，记录各时期的发育时间及持续时间。

【实验报告】

（1）每组同学分别统计这两种杂交组合（雌性日本白鲫×雄性红鲫、雌性红鲫×雄性日本白鲫）的胚胎受精率和孵化率。

（2）每组同学分别记录这两种杂交组合（雌性日本白鲫×雄性红鲫、雌性红鲫×雄性日本白鲫）的胚胎发育时序及特征。

【注意事项】

（1）人工催产过程中，当水温较高时，药效作用时间可能会缩短，要及时观察亲鱼的状态，防止流产。

（2）胚胎受精率和孵化率的统计也会受到温度的影响，温度较高时胚胎发育较快，所以要结合发育时间及温度变化，做好受精率和孵化率的统计。

【思考题】

（1）为什么本实验中正反交组合胚胎的受精率、孵化率及胚胎发育特征无显著性差异？请推测原因有哪些。

（2）影响鱼类胚胎发育受精率和孵化率的主要因素有哪些？

参 考 文 献

范兆廷. 2013. 水产动物育种学. 北京：中国农业出版社.
刘少军. 2014. 鱼类远缘杂交. 北京：科学出版社.
楼允东. 2009. 鱼类育种学. 北京：中国农业出版社.

实验28　鲤×鲫属间杂交后代个体发育比较观察

【实验目的】

（1）掌握统计鱼类胚胎受精率、孵化率的方法。

（2）掌握鱼类胚胎发育不同时期的辨别标准，了解正反交组合胚胎发育时期的特征及其亲本自交组合的异同性。

【实验原理】

杂交技术是改良生物性状常用的方法，亲缘关系在种间或种间以上的杂交一般称为远缘杂交。远缘杂交作为一种重要的遗传育种和性状改良方法，可以整合整套外源基因，从而改变杂交后代基因的表达调控，使得杂交后代可能在生长速度、抗逆性、抗病性及肉质等方面表现出杂种优势。远缘杂交的后代有的是完全可育，有的是完全不育，有的是单性可育。鱼类远缘杂交后代的苗种受精率、孵化率及成鱼的可育性主要与杂交亲本的亲缘关系（分类位置）有关。目前，鱼类育种工作者已对多种属间的远缘杂交进行研究，这一杂交类型呈现出杂种苗种受精率、孵化率及成鱼能育性较为复杂的情况。

（1）完全可育：杂种一代不论雌雄均能发育，可全部达到性成熟，其性腺指数、怀卵量、精子数量接近亲本，受精率、孵化率正常，如鳊鲂杂种、鲢鳙杂种、鲂鲌杂种、鲌鲂杂种。

（2）部分可育：杂种一代中只有部分雌雄个体可育，部分雌雄个体能够达到性成熟，其受精率、孵化率很低。例如，以红鲫（*Carassius auratus* red var.）为母本，鲤（*Cyprinus carpio*）为父本，两者交配形成的杂种一代——鲫鲤F_1，在繁殖季节仅有4.7%的雄性F_1个体可以挤出水样的精液，为可育的雄性个体，44.3%的雌性F_1个体可以挤出成熟的卵子，为可育的雌性个体，鲫鲤F_1自交获得的鲫鲤F_2的受精率仅为18.0%，孵化率仅为5.4%。

（3）单性可育：杂种只有雄性或雌性能发育到性成熟，另一性别则不发育。其雄性不育、雌性可育类型的精巢不发育，不能达到性成熟，如鲤鲫杂种（目前发现部分雄性个体是可育的）。雌性不育型的雄性可育，如鳇（*Huso huso*）（♀）×小体鲟（*Acipenser ruthenus*）（♂）。

（4）完全不育：杂种性腺不发育。例如，亚东鲑（*Salmo trutta fario*）（♀）×大麻哈鱼（*Oncorhynchus keta*）（♂）产生的杂种表现为生长个体大（7kg）、抗病性强，但体内无生殖腺。

【实验用品】

1. 材料

挑选性成熟特征明显且体征良好的鲤和红鲫。

2. 仪器和用具

净水孵化装置、体视显微镜、培养皿、无菌注射器、羽毛、毛巾、不锈钢碗等。

3. 试剂

促黄体素释放激素类似物（LRH-A）、人绒毛膜促性腺激素（HCG）等。

【实验步骤】

1. 人工催产

对鲤和红鲫注射LRH-A与HCG的混合催产剂进行催产，根据实验鱼的性腺发育程度选择最佳的催产药用量。LRH-A的用量为6～12μg/kg，HCG的用量为400～800IU/kg；先注射母本亲鱼鲤/红鲫，4～5h后再注射父本亲鱼红鲫/鲤，父本亲鱼的注射剂量减半；注射完毕后将母本亲鱼、父本亲鱼放入同一产卵缸中，开流水刺激其性腺发育，在催产药效应时间来临的前一小时，停止注水，让鱼在静水中"追尾"待产。

2. 授精孵化

对催产后的亲鱼进行人工干法授精，用干净毛巾擦拭亲鱼表面的水分，用羽毛均匀搅动不锈钢碗中的卵子与精液使其充分受精，将两种杂交组合（雌性鲤×雄性红鲫、雌性红鲫×雄性鲤）的受精卵置于水温为20～21℃的净水孵化装置中分别进行流水孵化。

3. 胚胎受精率、孵化率的统计

操作方法同实验27。

4. 胚胎发育时序及特征

操作方法同实验27。

【实验报告】

（1）统计这两种杂交组合（雌性鲤×雄性红鲫、雌性红鲫×雄性鲤）的胚胎受精率和孵化率。

（2）记录这两种杂交组合（雌性鲤×雄性红鲫、雌性红鲫×雄性鲤）的胚胎发育时序及特征。

【注意事项】

（1）两种杂交组合的胚胎应单独进行孵化，以免弄混。

（2）观察各自杂交组合的胚胎内发育状况时，应单独分批记录各时期的形态异常特征、发育时间及持续时间。

【思考题】

（1）为什么不同属间的远缘杂交会出现杂种苗种受精率、孵化率及成鱼能育性较为复杂的情况？

（2）影响鱼类胚胎发育受精率和孵化率的主要因素有哪些？

参 考 文 献

范兆廷. 2013. 水产动物育种学. 北京：中国农业出版社.

刘少军. 2014. 鱼类远缘杂交. 北京：科学出版社.

楼允东. 2009. 鱼类育种学. 北京：中国农业出版社.

实验29　红鲫×团头鲂亚科间杂交后代个体发育比较观察

【实验目的】

（1）掌握统计鱼类正反交组合胚胎受精率、孵化率的方法。

（2）掌握鱼类正反交组合胚胎发育不同时期的辨别标准。

（3）了解提高鱼类杂交育种受精率和孵化率的技术手段。

【实验原理】

红鲫与湘江野鲤的属间远缘杂交形成的杂交后代具有生长速度快、肉质鲜嫩、抗病性强、存活率高等优点，并且通过多代遗传选育，筛选出了两性可育的异源四倍体鲫鲤群体；红鲫与团头鲂的亚科间远缘杂交形成的三倍体杂交后代具有体背明显增高、外形优美等优点。

鱼类育种工作者已对多种亚科间的远缘杂交进行研究，如鳙（♀）×团头鲂（♂）及其反交、鳙（♀）×草鱼（♂）及其反交、草鱼（♀）×团头鲂（♂）、草鱼（♀）×鲢（♂）及其反交、草鱼（♀）×鲤（♂）、草鱼（♀）×三角鲂（♂）、青鱼（♀）×三角鲂（♂）、兴国红鲤（♀）×草鱼（♂）、鲤（♀）×团头鲂（♂）、锦鲤（♀）×团头鲂（♂）、红鲫（♀）×团头鲂（♂）、日本白鲫（♀）×团头鲂（♂）、鲢（♀）×团头鲂（♂）及其反交、鲤（♀）×翘嘴红鲌（♂）、红鲫（♀）×翘嘴红鲌（♂）、草鱼（♀）×翘嘴红鲌（♂）、鲢（♀）×黄尾密鲴（♂）、翘嘴红鲌（♀）×黄尾密鲴（♂）及其反交、团头鲂（♀）×黄尾密鲴（♂）及其反交、鲤（♀）×黄尾密鲴（♂）、红鲫（♀）×黄尾密鲴（♂）等。这些亚科间的远缘杂交组合中，有部分杂交组合的反交种完全不能通过孵化关，胚胎全部为畸形。例如，鲤（♀）×团头鲂（♂）、锦鲤（♀）×团头鲂（♂）、红鲫（♀）×团头鲂（♂）、日本白鲫（♀）×团头鲂（♂）的反交组合都没有形成孵化成功的鱼苗。

【实验用品】

1. 材料

挑选性成熟特征明显且体征良好的红鲫和团头鲂。

2. 仪器和用具

净水孵化装置、体视显微镜、培养皿、无菌注射器、羽毛、毛巾等。

3. 试剂

促黄体素释放激素类似物（LRH-A）、人绒毛膜促性腺激素（HCG）等。

【实验步骤】

1. 人工催产

对红鲫和团头鲂注射LRH-A与HCG的混合催产剂进行催产，根据实验鱼的性腺发育程度选择最佳的催产药用量。LRH-A的用量为6～12μg/kg，HCG的用量为400～1000IU/kg；先注射母本亲鱼红鲫/团头鲂，4～5h后再注射父本亲鱼团头鲂/红鲫，父本亲鱼的注射剂量减半；注射完毕后将母本亲鱼、父本亲鱼放入同一产卵缸中，开流水刺激其性腺发育，在催产药效应时间来临的前一小时，停止注水，让鱼在静水中"追尾"待产。

2. 授精孵化

对催产后的亲鱼进行人工干法授精，用干净毛巾擦拭亲鱼表面的水分，用羽毛均匀搅动不锈钢碗中的卵子与精液使其充分受精，两种杂交组合（雌性红鲫×雄性团头鲂、雌性团头鲂×雄性红鲫）的受精卵置于水温为22～23℃的净水孵化装置中分别进行流水孵化。

3. 胚胎受精率、孵化率的统计

操作方法同实验27。

4. 胚胎发育时序及特征

操作方法同实验27。

【实验报告】

（1）统计这两种杂交组合（雌性红鲫×雄性团头鲂、雌性团头鲂×雄性红鲫）的胚胎受精率和孵化率。

（2）记录这两种杂交组合（雌性红鲫×雄性团头鲂、雌性团头鲂×雄性红鲫）的胚胎发育时序及特征。

【注意事项】

（1）两种杂交组合的胚胎应单独进行孵化，以免弄混各自组合的胚胎或鱼苗。

（2）鱼类亚科间杂交具有较低的受精率和孵化率，统计完各自组合的受精率后，应及时挑出培养皿中的死胚胎，以免影响胚胎后期的发育过程。

【思考题】

（1）为什么同一亚科间的远缘杂交正交组合可以产生发育正常的胚胎，而反交组合的胚胎则全为畸形且完全不能通过孵化关？有哪些主要影响因素？

（2）影响鱼类胚胎发育受精率和孵化率的主要因素有哪些？

参 考 文 献

范兆廷. 2013. 水产动物育种学. 北京：中国农业出版社.

刘少军. 2014. 鱼类远缘杂交. 北京：科学出版社.

楼允东. 2009. 鱼类育种学. 北京：中国农业出版社.

实验30 鲤鮈杂交及后代个体发育观察

【实验目的】

（1）掌握小型鱼类精子的采集方法。

（2）了解大型鱼类与小型鱼类杂交育种方法及其子代的生长发育规律。

【实验原理】

鲤（*Cyprinus carpio*）属于鲤形目鲤科鲤属，染色体数目为100，有须，尾尖泛红，为大型鱼类，养殖一年体重可达1~1.5kg，是我国第三大养殖鱼类。

稀有鮈鲫（*Gobiocypris rarus*）属于鲤形目鲤科鮈鲫属，是我国特有种，染色体数目为50，无须，侧线有一条金色亮线，为小型鱼类，3~4个月可达性成熟，成体全长3~9cm，对水质的要求较斑马鱼高，现已成为毒理研究的常用模型。稀有鮈鲫雄鱼性成熟后，全年可以产生精子，产精量较高。

在鲤繁殖季节，可以通过注射促黄体素释放激素类似物（LRH-A）和人绒毛膜促性腺激素（HCG）促使鲤卵巢成熟，通过批量采集可获得大量稀有鮈鲫精子，通过人工授精，可获得以鲤为母本、稀有鮈鲫为父本的杂交子代，由于亲本体型大小差异较大，该杂交组合可作为体型研究的材料。

【实验用品】

1. 材料

雌性和雄性鲤、雄性稀有鮈鲫。

2. 仪器和用具

净水孵化装置、体视显微镜、培养皿、无菌注射器、100μL移液器及吸头、1.5mL和50mL离心管、羽毛、毛巾、不锈钢碗等。

3. 试剂

LRH-A、HCG、生理盐水、Hank's液等。

【实验步骤】

1. 稀有鮈鲫精子采集

取50mL离心管并加入20mL Hank's液，另取1.5mL离心管并加入1mL Hank's液，置于冰上。将打湿的毛巾平铺在实验台面上，将雄性稀有鮈鲫捞出，用毛巾擦拭体表水分，左手轻捏固定鱼体，使腹面朝上，右手用移液器吸取20μL Hank's液浸润稀有鮈鲫雄鱼泄殖孔后，左手的食指和拇指顺着雄鱼腹部往泄殖孔方向轻轻挤压，同时右手控制移液器收集挤压流出的精液，直至无明显精液流出，将移液器中的精液转移至50mL离心管中，换雄鱼重复操作，直至采集的精液呈现白色，并将精液保存在4℃冰箱。挤压雄鱼腹部时要控制好力度，以免损伤雄鱼。

2. 鲤人工催产

在当年的 5~6 月，当水温稳定在 22℃ 以上时，为雌性和雄性鲤注射 LRH-A 与 HCG 的混合催产剂进行催产，注射雌鱼的 LRH-A 用量为 6~12μg/kg，HCG 用量为 400~1000IU/kg，雄鱼注射剂量减半。注射完毕后将雌性鲤放入同一产卵缸中，开流水刺激。

3. 授精孵化

当雌雄鲤在产缸中出现"追尾"现象时，捞取雌鱼轻轻挤压腹部，若能顺利排出卵子，即可开始人工授精，将雌鱼的卵子挤到干的不锈钢碗中，加入提前取好的精液，用羽毛轻轻搅拌使精卵混合均匀。用羽毛挑起适量受精卵，蘸到提前加好水的玻璃平皿中，立即轻轻摇动，使受精卵均匀分散。将受精卵置于水温为 22~23℃ 的净水孵化装置中进行孵化。

4. 胚胎受精率、孵化率的统计

授精 3~4h 后可在体视显微镜下观察，统计鲤鮈胚胎总数（N）、未发育的胚胎（即未受精的卵子）数量（n_1），96h 后，观察和统计胚胎孵化数（n_2），计算受精率 $[(N-n_1)/N×100\%]$、孵化率（$n_2/N×100\%$）。

5. 鲤鮈胚胎发育时序及特征

操作方法同实验 27。

6. 观察

将鲤鮈杂交子一代培育至成年，观察其与亲本的可数性状（侧线鳞、侧线上鳞、侧线下鳞）与可量性状（全长、体长、体高、体重、尾柄高/尾柄长）。

【实验报告】

（1）统计鲤鮈杂交子一代的胚胎受精率和孵化率。

（2）记录鲤鮈杂交子一代的胚胎发育时序及特征。

（3）比较成年鲤鮈杂交子一代与亲本外观的异同。

【注意事项】

（1）挤压稀有鮈鲫雄鱼腹部时要控制好力度，避免损伤雄鱼。

（2）将鱼卵平铺到玻璃培养皿中，要提前在培养皿中加入适量的清水，入水后及时摇动培养皿，使鱼卵均匀分散。

【思考题】

为什么鲤鮈杂交子一代体型和外观更偏向于母本？

参 考 文 献

范兆廷. 2013. 水产动物育种学. 北京：中国农业出版社.

刘少军. 2014. 鱼类远缘杂交. 北京：科学出版社.

楼允东. 2009. 鱼类育种学. 北京：中国农业出版社.

实验31　斑鲄杂交及后代个体发育观察

【实验目的】

（1）掌握小型鱼类人工授精的过程及有关技术。

（2）了解两种模式鱼类杂交子代的胚胎发育情况。

【实验原理】

斑马鱼（*Danio rerio*）属于鲤形目鲤科鱼丹属，染色体数目为50，体表布有蓝色条纹，体型较小，成体长3～4cm，生长3个月可达性成熟，性成熟后终年可进行繁殖，是一种常用的模式鱼类。

斑马鱼是一种热带鱼，不能适应低温环境，稀有鮈鲫原产于长江上游的大渡河支流和四川成都附近的小河流中，适应温度范围广，斑马鱼与稀有鮈鲫的杂交子代可以作为温度适应研究的材料。

【实验用品】

1. 材料

斑马鱼、稀有鮈鲫。

2. 仪器和用具

体视显微镜、培养皿、100μL移液器及吸头、1.5mL离心管、塑料薄膜、斑马鱼繁殖盒等。

3. 试剂

Hank's液等。

【实验步骤】

1. 稀有鮈鲫精子采集

取1.5mL离心管并加入100μL Hank's液，另取1.5mL离心管并加入1mL Hank's液，置于冰上。将打湿的毛巾平铺在实验台面上，将稀有鮈鲫雄鱼捞出，用毛巾擦拭表面水分，左手固定鱼体，使腹面朝上，右手用移液器吸取约20μL Hank's液浸润稀有鮈鲫雄鱼泄殖孔后，左手的食指和拇指顺着雄鱼腹部往泄殖孔方向轻轻挤压，同时右手控制移液器采集挤压流出的精液，直至无明显精液流出，将移液器中的精液转移至装有100μL Hank's液的离心管中。重复上述操作，确保取到5或6条雄鱼的精液，最终将精液保存在4℃冰箱。

2. 斑马鱼催产

前一天下午挑选腹部饱满的雌鱼和体色鲜艳的雄鱼配对放置于繁殖盒中，雌雄鱼中间用隔板隔开，鱼房灯光设置为晚上10点熄灭，第二天早上7点开灯。

3. 授精孵化

第二天上午将斑马鱼雌鱼捞出，用湿毛巾擦干表面水分，轻轻挤压斑马鱼雌鱼的腹部，将卵子挤到塑料薄膜上，用移液器吸取10μL精子加到卵子中混匀，再加入100μL曝气水激活，静置1min，受精卵吸水膨胀，用吸管将受精卵转移到培养皿中。

4. 胚胎受精率、孵化率的统计

授精3～4h后可在体视显微镜下观察，统计总的胚胎数量（N）、未受精的卵子数量（n_1），72h后，观察和统计胚胎孵化数（n_2），计算受精率［$(N-n_1)/N×100\%$］、孵化率（$n_2/N×100\%$）。

5. 胚胎发育时序及特征

在放大倍数为40倍的体视显微镜下观察杂交子代的胚胎发育过程，包括卵裂期、囊胚期、原肠胚期、神经胚期和孵化期等发育时期，观察胚胎内发育状况和胚胎的形态异常特征，记录各时期的发育时间及持续时间。

【实验报告】

（1）统计斑鲌杂交子一代的胚胎受精率和孵化率。

（2）记录斑鲌杂交子一代的胚胎发育时序及特征。

【注意事项】

（1）挤压斑马鱼和稀有鮈鲫腹部时要控制好力度，避免实验鱼受伤。

（2）观察杂交子代的胚胎发育时序及特征时，应当参照亲本的发育时序特征及相应的培养条件。

【思考题】

斑鲌杂交子一代的胚胎发育时序及特征与亲本有何异同？

参 考 文 献

范兆廷. 2013. 水产动物育种学. 北京：中国农业出版社.

刘少军. 2014. 鱼类远缘杂交. 北京：科学出版社.

楼允东. 2009. 鱼类育种学. 北京：中国农业出版社.

实验32　亲本与杂交后代5S rDNA分子标记扩增与鉴定

【实验目的】

（1）了解DNA分子标记的种类及其研究进展。

（2）掌握鱼类基因组DNA提取技术、PCR扩增技术、简单的序列分析方法。

【实验原理】

与形态生物学和细胞生物学方法相比，分子生物学技术在鉴定和分析个体或群体遗传特性方面具有优势。长期以来，生物学家一直在寻找一种更快、更准确、更稳定的分子标记和鉴定不同动物的分子生物学方法。虽然全基因组测序可以提供有价值的遗传信息，但对生物界所有物种测序是不现实的。所以，分子遗传标记仍然是在个体水平或群体水平上研究遗传多样性及其变化规律的主要手段，并被广泛应用于群体遗传学、系统学、进化生物学等理论研究及保护生物学、动植物遗传育种、疾病诊断等实践领域。

目前，DNA分子标记主要有以下几种：①线粒体DNA（mtDNA）分子标记；②基于DNA印迹法（Southern blotting）的分子标记，如限制性片段长度多态性（restriction fragment length polymorphism，RFLP）、荧光原位杂交（fluorescence *in situ* hybridization，FISH）和单链构象多态性（single-strand conformation polymorphism，SSCP）；③基于PCR的分子标记，如随机扩增多态性DNA（random amplification polymorphic DNA，RAPD）、扩增片段长度多态性（amplified fragment length polymorphism，AFLP）和单链构象多态DNA聚合酶链式反应（single-strand conformation polymorphism-polymerase chain reaction，SSCP-PCR）；④基于重复序列的分子标记，如微卫星DNA和小卫星DNA；⑤基于mRNA的分子标记，如反转录PCR（reverse transcription-PCR，RT-PCR）和差异显示反转录PCR（differential display reverse transcription-PCR，DDRT-PCR）。现有的分子标记方法普遍存在价格昂贵、稳定性差、重复性差、需要放射性标记等不足。

5S rDNA 基因作为一个独立的转录单位，在染色体上的位置较分散。*5S rDNA* 编码细胞质中的5S rRNA，属于真核生物中一类高度保守的串联重复序列，重复单位长度为200～900bp，单倍体基因组中的拷贝数为1000～50 000。在高等真核生物中，*5S rDNA* 多基因家族是一类高度保守的串联重复序列，重复单位长度为200～900bp，每个重复单位都是由一个编码区（120bp）和其间的非转录间隔区（nontranscribed spacer，NTS）组成的。由于 *5S rDNA* 基因编码的细胞质中的5S rRNA对生命活动很重要，其基因编码区的序列通常是高度保守的，因为其碱基的微小改变都可能带来二级结构的变化，改变与核糖体蛋白的结合能力，从而进一步影响蛋白质的合成，并带来致死突变。而NTS则由于不转录的原因，没有明显的生存筛选压力，因此很容易通过遗传的方式将逐代的变异累积下去，进而形成物种间的明显差异。因此，*5S rDNA* 基因的NTS多态性成为物种进化、种群分化和遗传多样性的一个合适标记。

参照已知鱼类的 *5S rDNA* 基因的编码区序列，用生物信息学软件设计一种可在鉴别不同鱼类的DNA分子标记方法中进行应用的特异引物序列，由测序公司合成。所述特异引物序列，上游引物为5′-GCCCGATCTCGTCTGATCTCG-3′，下游引物为5′-GCGCTCAGGTTGGTATGGCCG-3′。

【实验用品】

1. 材料

鱼类的新鲜血液。

2. 仪器和用具

无菌操作台、移液器、专用热循环PCR仪、凝胶扫描成像仪、电泳仪、制冰机、冷冻离心机、酶标仪等。

3. 试剂

基因组DNA提取试剂盒、DNA胶回收试剂盒、Mix酶、*5S rDNA*引物、无菌双蒸水、pMD18-T载体试剂盒等。

【实验步骤】

1. 基因组DNA的提取

对准备的鱼类不同亲本及其杂交子代的新鲜血液材料进行基因组DNA提取。提取的DNA用酶标仪检测其浓度，于−20℃冰箱保存。

2. PCR扩增和克隆

以上述基因组DNA为模板，设计PCR体系扩增*5S rDNA*基因。PCR反应在专用热循环PCR仪上进行，每个扩增反应总体积为25μL，其中含1～10ng DNA、12.5μL Mix酶、正反引物各0.4μmol，用无菌双蒸水补足25μL。PCR反应程序为：94℃预变性5min；94℃变性30s，56℃退火30s，72℃延伸1min，30个循环；72℃终延伸10min；最后在4℃保存。PCR产物经2.0%琼脂糖凝胶电泳分离，用凝胶扫描成像仪拍照，目的产物片段使用DNA胶回收试剂盒纯化。将回收的DNA片段克隆于载体pMD18-T中，进行连接反应及细菌转化。

3. 测序分析

选取阳性克隆菌落，提取重组质粒，经过菌落PCR和酶切鉴定后，对阳性克隆进行测序，采用BLAST软件进行核苷酸和氨基酸序列同源性比较，根据其与查询序列的最高相似性而命名所得克隆。

4. 序列分析

采用生物信息学软件Bioedit和Clustal W软件对*5S rDNA*序列进行比对并进行遗传变异分析。采用MEGA软件对不同亲本及其杂交子代的*5S rDNA*序列进行系统进化树的构建，并进行进化分析。

【实验报告】

（1）对获得的全部*5S rDNA*序列进行比对和遗传变异分析，制作简单的序列分析图，得出杂交子代与亲本的遗传变异关系结论。

（2）采用MEGA软件对不同亲本及其杂交子代的*5S rDNA*序列进行系统进化树的构建，制作简单的系统进化树图，并进行进化分析。

【注意事项】

（1）PCR扩增和克隆时，应将样本DNA含量控制在1～10ng，以免琼脂糖凝胶电泳结果拖带严重，主条带不清晰。

（2）选取阳性克隆菌落时，全程应在无菌操作台上进行，以免污染杂菌。

【思考题】

（1）列举三个主要的DNA分子标记，并描述它们的优缺点。

（2）为什么*5S rDNA*基因可以成为物种进化、种群分化和遗传多样性的合适标记？

参 考 文 献

陈松林. 2017. 鱼类基因组学及基因组育种技术. 北京：科学出版社.
刘少军. 2014. 鱼类远缘杂交. 北京：科学出版社.

实验33 亲本与杂交后代随机扩增多态性DNA检测

【实验目的】

（1）了解并掌握RAPD分子标记的基本原理。

（2）掌握RAPD分析的实验操作技巧。

（3）了解RAPD在育种中的应用。

【实验原理】

DNA分子标记是一类在分子水平上的遗传标记，具有遗传性与可识别性两大特点。DNA分子标记通常是一些小分子质量的DNA片段（几十到2000bp），它们大量存在于真核生物的基因组内，能够通过特定的技术和方法进行检测。多数情况下，这些DNA片段（即分子标记）本身并不是基因，也不是基因的一部分，但它们往往与目的基因（目的性状）有连锁关系。利用这种连锁关系（越紧密越好），就可以对目的基因进行识别和分离、对目的性状进行早期预选、对优良基因进行聚合，从而大大促进动植物的育种工作。DNA分子标记的种类很多，常用的有随机扩增多态性DNA（RAPD）、限制性片段长度多态性（RFLP）、扩增片段长度多态性（AFLP）、简单序列重复（SSR）等。RAPD标记已在基因作图、群体遗传学、分子生物学、进化遗传学及动植物育种中获得了广泛的应用。与以前的方法相比，其主要优点是可以在短时间内生成大量标记，速度快，节省成本且提高了效率。

RAPD是一种基于PCR技术、针对全基因组进行选择性扩增的分子标记技术。该技术以一个随机合成的寡核苷酸（通常为10bp）为引物，在未知序列的基因组 DNA上，对部分DNA序列进行随机扩增，产生长度不同的DNA产物，通过电泳分离和溴化乙锭（EB，有剧毒）染色，显示出扩增的DNA条带。一般来讲，只有当模板DNA链上不太长（≤2000bp）的区域内，存在两个与随机引物反向互补（基本或完全互补）的序列时，这一段DNA片段才能被扩增，其数量也是以指数方式递增。RAPD与常规PCR的不同之处是：① 所用的引物比较短，为随机合成的10寡核苷酸单链；② 扩增反应中只用一个引物，但实际起到两个引物的作用；③ 扩增循环中所用的退火温度较低（35～40℃），以利于多态性（多个片段）的检出。由于DNA聚合酶（*Taq*酶）聚合能力和琼脂糖凝胶分辨能力的限制，RAPD片段的最佳长度一般为400～2000bp。

【实验用品】

1. 材料

杂交鱼及其亲本的模板DNA。

2. 仪器和用具

PCR仪、电泳装置、微量离心机、微量移液器及吸头、紫外线观察装置及凝胶扫描成像仪等。

3. 试剂

寡核苷酸引物、dNTP混合物、*Taq* DNA聚合酶、PCR缓冲液、电泳所需试剂等。

【实验步骤】

1. 前期准备

提取杂交F_1及父母本基因组DNA各10条；向生物公司订购RAPD随机引物50个，每个引物长10bp。

2. 分组完成随机引物的筛选

将学生分成5组，每组10个引物。随机选取杂交F_1和父母本各3条个体DNA为模板，用每个引物依次进行PCR扩增，筛选出扩增条带清晰，以及在杂交F_1和父母本之间有差异条带的引物。随机引物PCR扩增的条件如下。

1）PCR反应系统

10×PCR缓冲液	2μL
25mmol/L dNTP混合物	0.4μL
5U/μL *Taq* DNA聚合酶	0.1μL
10μmol/L 引物	0.5μL
50ng/μL基因组DNA（gDNA）	1μL
ddH$_2$O	16μL
总体积	20μL

2）PCR反应程序

94℃预变性5min；94℃变性1min，40℃退火1min，72℃延伸2min，30个循环；72℃终延伸10min；最后在12℃保存。

3）凝胶检测与结果拍照　　在PCR扩增期间提前配制好1.5%添加了EB的琼脂糖凝胶。PCR扩增结束之后，将琼脂糖凝胶置于盛有电泳液的电泳槽中，接着将PCR产物依次上样到琼脂糖凝胶胶孔中，记录好样品的顺序，并上样DNA标准分子标记来评估PCR产物条带大小，电泳开始前注意将胶块调整为与电泳槽平行，然后启动电泳仪，开始电泳。电泳结束后，将胶块置于凝胶扫描成像仪中拍照、存档。

3. 统计分析

选择3～5个扩增效果好的随机引物，对各个样本分别进行PCR扩增，凝胶电泳检测、拍照、存档，最后对结果进行统计分析。

【实验报告】

（1）列举出扩增效果较好的随机引物（表33-1）。

（2）列出3～5个随机引物对30个杂交F_1及父母本的扩增凝胶图。

（3）统计多态条带并试分析杂交后代的遗传与变异（表33-2）。

表33-1　扩增效果较好的随机引物

引物名称	序列5′→3′	扩增条带数	多态条带数	多态条带的比例/%

表33-2　多态条带统计

引物名称	父本特异条带数	母本特异条带数	F₁特异条带数	总条带数

结果分析：

【注意事项】

（1）RAPD分子标记基本都是显性的，因此不能对杂合位点及显性纯合位点进行区分。

（2）RAPD是基于PCR的酶催化反应，因此DNA模板的浓度和质量及PCR循环的反应条件对实验结果的影响会很大。

【思考题】

（1）什么是分子标记，目前的分子标记主要有哪几大类？

（2）试比较RAPD分子标记技术与另外一种分子标记技术的优缺点。

参 考 文 献

Kumar N S, Gurusubramanian G J. 2011. Random amplified polymorphic DNA (RAPD) markers and its applications. Sci Vis, 11(3): 116-124.

Novelo N D, Gomelsky B, Pomper K W. 2010. Inheritance and reliability of random amplified polymorphic DNA-markers in two consecutive generations of common carp (*Cyprinus carpio* L.). Aquaculture Research, 41(2): 220-226.

Xia X H, Zhao J, Du Q Y, et al. 2011. Cloning and identification of a female-specific DNA marker in *Paramisgurnus dabryanus*. Fish Physiology and Biochemistry, 37(1): 53-59.

第七章 选择育种

实验 34　鲫生产性状观察

【实验目的】

（1）了解鱼类关键生产性状及个体差异。

（2）掌握鱼类选择育种的关键指标及其测量方法。

【实验原理】

选择育种是鱼类育种中最常用的育种路线之一。通过不断选择具有生产优势性状的个体进行多代繁殖，可针对一个或者几个特性性状进行种质纯化，进而达到获得优良品系和品种的育种目的。在选择育种中，生长速度、饲料利用率、体型、体色、出肉率、抗病性、抗逆性、食性等生产性状是主要的选种目标。经过多代选育，可以获得具有明显生产优势的品系，进而形成新品种。

目前已经通过多代选育获得了具有优势的新品种。例如，中国科学院水生生物研究所针对银鲫在养殖过程中存在养殖成本高、出血病和孢子虫病暴发频繁的问题，开展了多代选育，获得了生长优势明显、成活率高的鲫新品种——'中科5号'；天津市换新水产良种场以长江鲢为基础群体进行多代选育，获得了生长速度快、雌性繁殖力强的新品种——'津鲢'；上海海洋大学研究团队以5种基本体色为标准选育获得了瓯江彩鲤'龙申1号'新品种。这些新品种目前都已经推广养殖，获得了较好的经济效益。

选择育种的技术可以与杂交及雌核发育等其他育种方法结合使用。例如，多代选育的群体也可以用来进行配套系杂交，为后续的育种工作提供基础；结合雌核发育进行多代纯化可获得纯系；在杂交育种后也需要选择优势群体以稳定优势性状。因此，选择育种中对优势性状的筛选尤为重要。

【实验用品】

1. 材料

1龄鲫群体30尾。

2. 仪器和用具

电子秤、解剖盘、毛巾、培养皿、镊子、解剖剪、解剖刀、尺子等。

【实验步骤】

1. 生长指标的测定

取实验样品鲫进行全长、体长、体重的测量。

（1）全长：鱼吻端直至尾鳍最末端的长度，用尺子进行测量并记录。

（2）体长：鱼吻端直至尾鳍基的长度，用尺子进行测量并记录。

（3）体重：用电子秤称重并记录。

2. 体型指标的测定

对鲫进行体高、体宽、头长、吻长、眼径、眼间距、尾柄长、尾柄高的测量。

（1）体高：鱼体最高处的垂直长度。

（2）体宽：鱼左右侧最宽部位的距离。

（3）头长：吻端至鳃盖骨后端的垂直距离。

（4）吻长：吻端至眼前缘的垂直距离。

（5）眼径：眼睛的直径。

（6）眼间距：背面观两眼间的距离。

（7）尾柄长：臀鳍基后端至尾鳍基的垂直距离。

（8）尾柄高：尾柄区域内最低的垂直距离。

3. 下咽齿和性腺指数的测定

（1）下咽齿：对下咽齿的描述通常是对其齿行数和每行齿数进行统计。首先描述齿的性状，一般分为圆锥型、臼齿型、粗壮侧扁型、侧扁型和极侧扁型5种。然后描述齿行数和每行的齿数。用解剖剪剪取鳃弓，再用镊子将下咽齿取出，用镊子和解剖剪将下咽齿清理干净，记录鲫下咽齿的形态特征。

（2）性腺指数：鱼类性腺指数（又称性体比）是判断生殖腺发育的重要指标，且易于统计。其计算方式为：性腺指数＝生殖腺质量/体重。用解剖剪和解剖刀在解剖盘中对鲫进行解剖，从泄殖孔剪开，沿腹部剪至胸鳍前部，打开整个腹腔。用镊子取出整条性腺，注意性腺在鱼体内左侧和右侧各有一条，放于培养皿中，称重（称重时注意对培养皿去皮），记录性腺质量，计算性腺指数。

【实验报告】

（1）每组同学对所测的性状数据进行记录并描述。

（2）每组同学分别统计测量的所有个体生长指标的平均值和标准差。

【注意事项】

在对鲫进行测量和取材时需要注意鲫背鳍上的硬鳍棘，以免被刺伤。

【思考题】

针对生长这一性状进行连续多代选育可以获得具有生长优势的新品系，但多代纯化可能导致种质退化，如何对退化的种质进行改良？

参 考 文 献

范兆廷. 2013. 水产动物育种学. 北京：中国农业出版社.

刘少军. 2014. 鱼类远缘杂交. 北京：科学出版社.

楼允东. 2009. 鱼类育种学. 北京：中国农业出版社.

实验35 金鱼的观赏性状观察

【实验目的】

（1）了解观赏鱼类的主选性状。

（2）掌握鱼类观赏性状的选择标准。

【实验原理】

金鱼是我国最主要的观赏鱼类，也是世界三大观赏鱼类之一。它在分类学上属于鲤形目（Cypriniformes）鲤科（Cyprinidae）鲤亚科（Cypriniae）鲫属（Carassius）。金鱼由野生的红黄色鲫选育而来。中国是世界上最早养殖和驯化金鱼的国家。

虽然金鱼和鲫是同一物种，但其外部形态发生了较大的变化。整体上看，其和其他鱼类类似，鱼体可分为头、躯干和尾三部分。其主要变化包括体型变异、鳞片数目变异、背鳍变异、胸鳍变异、腹鳍变异、臀鳍变异、尾鳍变异、头型变异、色彩变异等。对不同品种的金鱼品相有不同的鉴定和欣赏标准。

金鱼从大类分，主要分为4个品类，包括草、龙、蛋、文四大类型。草金鱼体型较长，和普通鲫类似，呈纺锤形，尾鳍不分叶且其他鳍均正常。草金鱼有红色、红白色、五花色等。龙种金鱼由于眼睛变大而闻名，其主要特征为眼球突出于眼眶之外，且有不同性状，包括圆球形、梨形、圆筒形或其他形状等。龙种金鱼体型粗短，具有背鳍，且臀鳍和尾鳍较为发达，呈双叶。蛋种金鱼体型胖而短，从侧面观形似鸭蛋而得名，其臀鳍和尾鳍为双叶，而其他鳍短小，无背鳍但眼正常。文种金鱼主要以尾部变异为特征，尾鳍分叶为三叶或四叶，其体型短而圆，因此体长与体高之比相对于普通鲫明显更小。文种金鱼有背鳍，多以红色、红白色、蓝色、紫色、红黑色、红蓝色或多色花斑等颜色为主。

金鱼选育目标主要包括体型、体色、鳍的形状、眼睛大小等。依不同种类，其鉴赏指标也有不同。根据不同品种对观赏性状进行测量统计，可为选育优质观赏鱼提供基础。

【实验用品】

1. 材料

草金鱼30尾、红狮头金鱼30尾、墨龙睛金鱼30尾。

2. 仪器和用具

电子秤、解剖盘、毛巾、培养皿、镊子、尺子、量角器等。

【实验步骤】

1. 体色观察

对实验样品进行体色观察，分别记录所观察的草金鱼、红狮头金鱼、墨龙睛金鱼体色。首先，描述整个鱼体的色彩组成。随后，由个体的吻部至尾部进行描述，分别描述头部、躯干部和尾部的颜色。

2. 鱼体型性状观察及测量

用尺子测量实验个体的体长、体高，计算体长和体高的比例。利用电子秤对个体进行称重并记录。除体长和体高外，可反映金鱼形态特征的指标还包括尾柄与尾鳍角度、体宽、头长、头宽、眼上距、眼下距、胸鳍长、腹鳍长、尾柄长、尾柄高、上叶尾长、上叶尾宽、下叶尾长、下叶尾宽、尾叉长、眼径、吻长、吻端至胸鳍基部长、吻端至腹鳍基部长、吻端至臀鳍基部长、臀鳍长、头瘤长、头瘤宽、头瘤高等指标。其中，体高、体宽、头长、眼径、吻长、尾柄长、尾柄高已经在"鲫生产性状观察"中进行了介绍。其他指标具体如下。

（1）头宽：头部最宽位置的水平距离。

（2）眼上距：眼睛上缘到头顶的垂直距离。

（3）眼下距：眼睛下缘到头底部的垂直距离。

（4）胸鳍长：基部至胸鳍最外缘的距离。

（5）腹鳍长：基部至腹鳍最外缘的距离。

（6）上叶尾长：尾鳍上叶基部最外缘的距离。

（7）上叶尾宽：尾鳍上叶最宽处的高度。

（8）下叶尾长：尾鳍下叶基部最外缘的距离。

（9）下叶尾宽：尾鳍下叶最宽处的高度。

（10）尾叉长：尾叉基部至尾鳍外缘的距离。

（11）臀鳍长：臀鳍基部至臀鳍最外缘的距离。

（12）头瘤长：头部瘤的前后长度。

（13）头瘤宽：头部瘤的左右长度。

（14）头瘤高：头部瘤的垂直高度。

3. 鳍分布及特征观察

观察个体的背鳍、胸鳍、腹鳍、臀鳍和尾鳍，描述其是否分叶，测量鳍基部的长度并记录。

【实验报告】

（1）每组同学对所测的性状数据进行记录并描述。

（2）每组同学制作一份草金鱼、红狮头金鱼、墨龙睛金鱼的分类检索表。

【注意事项】

在观察和测量前可以采用50～200mg/L氨基苯甲酸乙酯甲磺酸盐（MS-222）对金鱼进行麻醉再测量，在测量后仍可保证金鱼存活。

【思考题】

金鱼观赏性状较多，包括体色、个体形态等，对于不同的品种，其鉴赏和筛选标准有何异同？

参 考 文 献

范兆廷. 2013. 水产动物育种学. 北京：中国农业出版社.

刘少军. 2014. 鱼类远缘杂交. 北京：科学出版社.

楼允东. 2009. 鱼类育种学. 北京：中国农业出版社.

周祺，张帅，谢松，等. 2016. 兰寿金鱼与虎头金鱼形态性状差异分析. 淡水渔业，46：46-50.

实验36　数量性状的统计学分析

【实验目的】

（1）理解数量性状的内涵。

（2）掌握选育过程中数量性状的统计方法。

【实验原理】

数量性状是在群体内仅能用数据表示区别的差异性状，呈连续性分布，数量性状包括变异性和连续性两个特点。在个体之间数量性状难以通过简单的描述进行区别，需要通过测量后进行度量区分。在群体内数量性状的变化呈现连续性。从基因控制的层面上看，数量性状往往受多个基因控制。另外，数量性状对环境的变化较为敏感。通常来说，数量性状呈正态连续分布。对于鱼类种群来说，全长、体长、体高、体重、眼下距、胸鳍长、腹鳍长、尾柄长、尾柄高、上叶尾长、上叶尾宽、下叶尾长、下叶尾宽、尾叉长、眼径、吻长、吻端至胸鳍基部长、吻端至腹鳍基部长、吻端至臀鳍基部长、臀鳍长，以及观赏鱼的头瘤长、头瘤宽、头瘤高等可量指标多为数量性状。但是，鱼体的颜色、下咽齿则为质量性状。

通常，数量性状受到多基因调控，在选育过程中可进行优化，且有较好的遗传效应。通过基因分离、重组及基因连锁行为可较好地揭示数量性状，因此可以通过统计学方法进行分析。对数量性状进行综合评价可以明确遗传多样性，得到所保留种质的优劣程度，便于开展后续的育种工作。同时，可对选育获得的群体进行评估。

【实验用品】

1. 材料

1龄鲤50尾。

2. 仪器和用具

电子秤、计算机、解剖盘、毛巾、培养皿、镊子、尺子、量角器等。

【实验步骤】

1. 鲤数量性状指标的测定

对50尾1龄鲤的全长、体长、体高、体重、眼下距、胸鳍长、腹鳍长、尾柄长、尾柄高、眼径、吻长、臀鳍长等12个数量性状进行测量，并记录。

2. 数量性状的初步统计

在Excel软件中输入50尾1龄鲤12个数量性状的数据，利用Excel软件自带统计学公式计算这12个数量性状的最大值、最小值、平均值、标准偏差和变异系数。

如在Excel表B列中输入全长数据，则各组数据计算公式和方法如下。

（1）最大值函数为"=MAX（B：B）"。

（2）最小值函数为"=MIN（B：B）"。

（3）平均值函数为"=AVERAGE（B：B）"。

（4）标准偏差函数为"=STDEV（B：B）"。

（5）变异系数（coefficient of variation）是标准偏差与平均值的比值，因此将前面得到的标准偏差与平均值相除可以得出该数量性状的变异系数。

3. 聚类分析

首先进行数据预处理，即标准化：在SPSS中选择Analyze选项卡，随后依次点击Classify→Hierarchical Cluster Analysis→Method，然后在对话框的Transform Values选择Z scores（注：Z scores是数据标准化的主要方法之一，通常选择该选项）。在标准化之后构建关系矩阵，在SPSS中选择Analyze→Classify→Hierarchical Cluster Analysis→Method，然后在对话框的Measure框中选择Interval中的平方欧氏距离法（squared Euclidean distance，主要测度方法之一）进行测度。构建关系矩阵之后，对样品和变量进行聚类分析，一般选择系统聚类法（又称谱系聚类）。在SPSS中选择Analyze→Classify→Hierarchical Cluster Analysis→Method的Cluster Method中选择Nearest neighbor（最短距离法，又称最近邻接法）进行聚类。通过系统聚类可得出树状谱系图。

4. 主成分分析

主成分分析可以把复杂的多个变量重新组合成新的变量来反映群体的变化。具体操作如下：在SPSS表格中输入原始数据（包括50尾鱼的12个数量性状）。通过SPSS菜单选择分析→降维→因子分析，弹出因子分析的主界面。将所有的12个数量性状选入变量框中后点击"描述"按钮，在对话框中选中系数及抽样适合性检验（KMO）和巴特利特（Bartlett）的球形检验（注：用于变量间的相关系数列阵；KMO和Bartlett的球形检验用于检测变量间的相关性）。点击"继续"回到主界面后再点击"抽取"，出现界面框。在界面框中的方法选择主成分，输出选择为旋转的因子解和碎石图，抽取选项选择鲫鱼特征值，其余选项为默认。

输出的表达包括：①相关性检验结果。②KMO和Bartlett检验结果（其中KMO值大于0.7说明无相关；Bartlett检验大于0.001则无相关。当不存在相关性时不能进行因子分析）。③解释的总方差结果表为主成分分析结果，其中第一列为主成分，第二列为特征值，第三列为成分所包含的方差占总方差的百分比，第四列为累计百分比，通常选用特征值大于1的成分作为主成分。④成分矩阵包括计算出的公因子与原始变量的相关系数。⑤通过成分得分系数矩阵可以写出公因子表达式，明确各原始变量对公因子的贡献，从而反映群体内形态变化区分的关键变量。

【实验报告】

（1）每组同学列出12个数量性状的最大值、最小值、平均值、标准偏差和变异系数。

（2）每组计算出主成分分析结果的公因子表达式。

【注意事项】

SPSS软件有多个版本，注意不同版本的操作略有不同，需要根据不同版本软件进行部分微调。

【思考题】

为什么要对数量性状进行主成分分析？公因子表达式对选择育种有何意义？

参 考 文 献

范兆廷. 2013. 水产动物育种学. 北京：中国农业出版社.

楼允东. 2009. 鱼类育种学. 北京：中国农业出版社.

实验37 最佳线性无偏预测法育种值的计算

【实验目的】

（1）理解育种值的意义及在选择育种中的意义。

（2）掌握最佳线性无偏预测法育种值的计算方法。

【实验原理】

随着水产养殖业的高速发展，优质的种质资源无疑是保障产业良性可持续发展的前提。由于大多数养殖品种苗种生产门槛低，部分养殖户和企业随意开展苗种生产，近亲繁殖情况日益频繁，造成养殖群体种质退化、亲本繁殖力下降、抗病性和抗逆性降低及遗传多样性严重降低等问题。因此，培育具有生产优势的种群，以及建立标准化、规范化的优质种质的保种流程是业界的迫切需求。通过选择育种可以获得优势种群，同时长期的多代选育导致的近亲繁殖则依赖于不同家系的杂交进行优化。因此，建立各自具有单一性状优势的多性状配套系是可行的选育方案。因此，通过统计学的方法评估配套系的生产优势，在系统选育过程中有重要意义。

大多数受关注的生产性状属于数量性状。通过人工定向选育可以提高目标群体的基因频率，从而提高生产性能。在数量遗传学中，估算遗传力、育种值等相关参数可以指导选择育种，提升育种成功率。目前最主流的育种值估算方法是最佳线性无偏预测法（best linear unbiased prediction，BLUP）。BLUP的基本原理是将观察到的表型值表示为对表型有影响的各种遗传因子和环境因子之和，从而构建线性模型的表达式。

在该模型中，部分参数的效应属于固定效应，部分参数的效应属于随机效应，因此BLUP所照的模型属于线性混合模型，用公式可以表示为 $Y = Xb + Zu + e$。其中 Y 是表型观察值，b 是固定效应向量，X 是 b 的结构矩阵，u 是随机效应向量，Z 是 u 的结构矩阵，e 是随机残差向量。虽然BLUP育种值在畜牧业中被广泛应用，但是在水产领域的应用较少。其中水产动物中最为典型的代表是通过BLUP育种技术育成了吉富罗非鱼（GIFT）品种，目前，吉富罗非鱼是世界上最著名的罗非鱼养殖品种之一。

通过BLUP对家系进行评估，采用育种值排在前列的群体作为亲本对育成优良家系有指导意义。

【实验用品】

安装有R语言、RStudio软件和nadiv软件包的计算机一台。

【实验步骤】

1. 输入数据的准备

以同为1.5龄的鲤为例，输入数据如表37-1所示。

表37-1　输入数据表

渔场代码	个体	父本	母本	体重/g
1	1	0	0	540
1	2	0	0	550
1	3	1	0	430
2	4	1	2	380
2	5	3	2	420

2. 计算亲缘关系逆矩阵

运行RStudio，输入library（nadiv）加载nadiv软件包。

键入：ped<-dat［, 2: 4］

　　　ped

提取谱系信息。随后通过pped函数对谱系进行预处理。

键入：pped= prepped（ped）

　　　pped

使用makeAinv（pped）\$Ainv计算获得关系逆矩阵。

键入：Ainv=makeAinv（pped）\$Ainv

　　　Ainv

3. 构建BLUP模型（$Y=Xb+Zu+e$）

1）构建固定因子矩阵

for（i in 1:4）dat［,i］<-as.factor（dat［,i]）

X<-model.matrix（~Chang-1,dat）

X

2）构建单元矩阵

Z<-diag（length（unique（dat\$ID）））

Z

3）构建Y矩阵

y＜-as.matrix（dat$weight）

y

4）建立混合线性方程组

XpZ＜-crossprod（X,Z）; XpZ

XpX＜-crossprod（X）; XpX

ZpX＜-crossprod（Z,X）; ZpX

ZpZ＜-crossprod（Z）; ZpZ

Xpy＜-crossprod（X,y）; Xpy

Zpy＜-crossprod（Z,y）; Zpy

K＜-2; K

LHS＜-rbind（cbind（XpX,XpZ）,cbind（ZpX,ZpZ＋Ainv*K））

LHS

RHS＜-rbind（Xpy,Zpy）

RHS

4. 计算BLUP育种值

键入：solve（LHS）%*%RHS

最后得出BLUP育种值。

【实验报告】

每组同学按照步骤计算获得BLUP育种值。

【注意事项】

R语言、RStudio软件和nadiv软件包需要提前安装，nadiv软件包在安装时需要尝试不同服务器连接，请在课程开始前安装好软件和软件包。

【思考题】

BLUP育种值对选择育种的意义有哪些？如何通过评估BLUP育种值促进育种工作的开展？

参 考 文 献

邓飞. 2020. 单性状动物模型矩阵形式计算BLUP值. https://cloud.tencent.com/developer/article/1692397 [2021-10-21].

范兆廷. 2013. 水产动物育种学. 北京：中国农业出版社.

第四篇

鱼类倍性操作及鉴定

实验38　雌核发育单倍体红鲫的制备与表型观察

【实验目的】

（1）掌握鱼类单倍体个体制备方法。

（2）探明单倍体胚胎发育时序及形态。

【实验原理】

二倍体鱼类通过有性生殖产生染色体数目减半的单倍体配子，单倍体雌雄配子受精后形成二倍体受精卵。此后，该受精卵开启胚胎发育过程形成二倍体个体。

雌核发育是重要的鱼类遗传育种方式之一，是指用核灭活的精子刺激卵子，并诱导其发育形成个体。从理论上来讲，一套染色体即涵盖了所有的遗传信息。但单倍体卵子在进行雌核发育过程中出现了明显的胚胎发育缺陷，不能形成可存活的单倍体个体，该现象称为"单倍体综合征"。

单倍体个体虽不可存活，但由于其简单的基因组型及显性的分子标记等，常被用作构建鱼类遗传学图谱的理想材料。同时，在发育生物学上也被用于研究胚胎发育过程中的基因表达调控。

【实验用品】

1. 材料

性成熟红鲫（♀、♂）、团头鲂（♂）。

2. 仪器和用具

紫外灯、冰箱、摇床、体视显微镜、流式细胞仪等。

3. 试剂

Hank's液、ACD抗凝剂溶液、HCG、促黄体素释放激素类似物A2（LRH-A2）。

【实验步骤】

1. 雌核发育单倍体红鲫的制备

1）亲鱼选取与人工催产　　选取性成熟的雌性红鲫、雄性团头鲂，参照实验16的方法进行人工催产，按压鱼腹部获取卵子和精液。

2）精子灭活　　将团头鲂精液用Hank's液（1∶6）稀释。把稀释的精液薄层铺展在预冷的培养皿中。将培养皿置于冰板上，放在摇床上轻轻摇动，用紫外灯照射的方法灭活精子，照射时间为30～40min。快达到适宜照射剂量时，每隔3min在显微镜下检测精子活力，当绝大部分（＞80%）精子的活动能力明显减弱时停止照射。收集灭活后的精液于4℃避光保存备用。

3）制备雌核发育单倍体胚胎

（1）水激活：红鲫卵子用水孵化发育。

（2）灭活精液激活：红鲫卵子与灭活的团头鲂精液混合，不经处理直接发育。

4）DNA含量的鉴定　　各取3条鱼苗，加入20μL的ACD抗凝剂溶液，将样品剪碎。取上清用流式细胞仪鉴定各组鱼苗的DNA含量（方法参照实验45）。

2. 雌核发育单倍体红鲫的表型观察

1）对照组的制备　　参照实验16的方法，利用性成熟的雌性红鲫和雄性红鲫制备红鲫自交的二倍体胚胎，作为对照组。

2）胚胎孵化　　全部胚胎在室温［（25±2）℃］下静水孵化，每隔2～3h换水，直至鱼苗孵出。

3）胚胎发育时序及表型观察　　在同样的条件下进行三组平行实验，对两种方式激活的雌核发育单倍体及自交二倍体红鲫胚胎发育到囊胚期的受精率、孵化率，以及孵化后第7天开始摄食时正常鱼苗的比率、成活率分别进行统计，并在体视显微镜下持续观察胚胎发育的时序及表型，进行记录并对比分析。

【实验报告】

对两种方式激活的雌核发育单倍体及自交二倍体红鲫胚胎发育进行持续观察，记录其胚胎发育的时序及表型，进行对比分析。统计各组囊胚期的成活率、受精率、孵化率，以及孵化后第7天开始摄食时正常鱼苗的比率（成活率）。

【注意事项】

在进行胚胎发育观察时注意将发育时间与表型对应，来对比实验组和对照组的发育时序。

【思考题】

综合思考雌核发育单倍体鱼不能存活的生物学机制。

参 考 文 献

Arai K. 2001. Genetic improvement of aquaculture finfish species by chromosome manipulation techniques in Japan. Aquaculture, 197(1-4): 205-228.

Ma S, Huang W X, Zhang L, et al. 2011. Germ cell-specific DNA methylation and genome diploidization in primitive vertebrates. Epigenetics, 6(12): 1471-1480.

实验39　热休克诱导鱼类染色体加倍技术

【实验目的】

（1）了解人工诱导雌核发育方法之一的热休克法诱导鱼类染色体加倍的原理、实验方法及在鱼类育种中的应用。

（2）了解紫外灭活精子技术的原理、实验方法及在鱼类育种中的应用。

【实验原理】

紫外线照射能使精子头部DNA的氢键断裂，在同一链上相邻的或两条链上对应的胸腺嘧啶之间形成胸腺嘧啶二聚体，导致DNA局部变形，从而破坏DNA的正常复制和转录，实现精子的遗传灭活，且又能保持精子的活力。在受精过程中，精子只起到激活卵子发育的作用而不参与遗传物质的组成。热休克法诱导鱼类染色体加倍的原理是通过40～41℃、2～3min的高温处理抑制第二极体排出或是抑制第一次卵裂，从而使卵子染色体加倍。

【实验用品】

1. 材料
雄性鲤、雌性草鱼。

2. 仪器和用具
水浴锅、孵化桶、摇床、光学显微镜、注射器、培养皿、紫外灯、鹅毛等。

3. 试剂
人绒毛膜促性腺激素（HCG）、Hank's液、充分曝气的自来水等。

【实验步骤】

1. 精子的遗传失活
轻轻挤压性成熟鲤的腹部，将白色精液挤到培养皿中。将Hank's液与精液按照4∶1的比例稀释，稀释的精液在培养皿中以薄层分布，厚0.1～0.2mm。将盛精皿置于毛巾包裹的冰袋上使其保持0～4℃的低温，再于紫外灯下照射处理20～50min。在照射过程中，利用摇床缓慢摇动盛精皿（旋转速度为40～50r/min），使精子受到较均匀的紫外线照射。紫外灯与精液的距离为10～12cm，每隔一段时间，将盛精皿取下手工摇动均匀，并通过光学显微镜检测精子活力。

2. 人工催卵
选择适当成熟的雌性草鱼进行人工催产。雌性草鱼的人工催产采用HCG两次注射法。第一次注射剂量为3～5μg/g，第一次注射6～8h后进行第二次注射，注射剂量减半。并于首次注射后10～16h开始进行人工采卵，将草鱼卵子直接挤入干燥的培养皿中。

3. 卵子激活及染色体的二倍化处理
向盛有草鱼卵子的培养皿中加入灭活的精液，用干燥的鹅毛将其充分混合均匀后，加水启动发育。卵子遇水开始计算受精激活时间。受精后3～5min热休克处理可以抑制卵子第二极体的排出，受精后20～22min的热休克处理则可以抑制卵子的第一次有丝分裂。在实际操作中，于受精后28min进行热休克处理（受精率、成活率及孵化率综合最佳），热休克温度为40～41℃，热休克持续时间为2～3min。

4. 胚胎孵化

将经过热休克处理的雌核发育胚胎转入孵化桶，利用流水孵化，适宜的温度是21～29℃，每隔3h更换一次充分曝气的自来水。

【实验报告】

统计雌核发育成功率。

【注意事项】

（1）精子遗传灭活操作一般采取紫外线照射法，紫外线的穿透力不强，故采用稀释精液、薄铺精液和延长照射时间来弥补。

（2）温度休克成败的关键因素是：休克温度、处理起始时间及处理持续时间。受精后28min，于40～41℃热水中热休克处理2～3min，可以获得较高的成活率。而当热休克温度低于40℃，或处理持续时间短于2min时，不能有效地抑制第二极体排出或抑制第一次卵裂，卵子不能加倍，为单倍体胚胎；而当热休克温度高于42℃，或处理持续时间长于3min时，卵子受热损伤较大，不能进一步发育，死亡率高，雌核发育二倍体草鱼的成活率低。

【思考题】

（1）紫外灭活精子过程中处理时间过长或过短会有什么影响？为什么要用冰袋使盛精皿保持0～4℃低温？

（2）热休克处理过程中温度太高或太低、处理时间过短或过长会对实验结果有什么影响？原因是什么？

参考文献

刘筠. 1993. 中国养殖鱼类繁殖生理学. 北京：农业出版社.

张虹. 2011. 雌核发育草鱼群体的建立及其主要生物学特性研究. 长沙：湖南师范大学博士学位论文.

Zhang H, Liu S J, Zhang C, et al. 2011. Induced gynogenesis in grass carp（ *Ctenopharyngodon idellus* ）using irradiated sperm of allotetraploid hybrids. Marine Biotechnology, 13(5): 1017-1026.

实验40 冷休克诱导鱼类染色体加倍技术

【实验目的】

（1）了解人工诱导雌核发育的原理、方法及在鱼类育种中的应用。

（2）应用紫外灭活精子技术，鉴别不同灭活级别精子对雌核发育的诱导能力。

【实验原理】

精子经过紫外线照射进行遗传灭活，可以激活卵子发育，但精子的遗传物质不会进入卵子内。通过4～6℃、10～12min的低温处理抑制第二极体排出或是抑制第一次卵裂，从而使卵子的染色体加倍。

【实验用品】

1. 材料

雄性鲤、雌性草鱼。

2. 仪器和用具

低温冰箱、孵化桶、光学显微镜、注射器、培养皿、紫外灯、摇床、载玻片、EP管、鹅毛等。

3. 试剂

人绒毛膜促性腺激素（HCG）、Hank's液、充分曝气的自来水等。

【实验步骤】

1. 精子的遗传失活

轻轻挤压性成熟鲤的腹部，将白色精液挤到培养皿中。将Hank's液与精液按照4∶1的比例稀释，稀释的精液在培养皿中以薄层分布，厚0.1～0.2mm。将盛精皿置于摇床冰板上，在紫外灯下照射处理20～50min。紫外灯与精液的距离为10～12cm，每隔一段时间，把盛精皿取下手工摇动均匀。每隔5min，使用牙签蘸取少量精液放置在光学显微镜下观察精子活力，直至70%～80%的精子失去活力时，停止照射，取干燥的EP管收集照射好的精液，然后保存在4℃冰箱待用。照射精液时所有步骤都在暗房中进行。

2. 人工催卵

对雌性草鱼进行人工催卵。实验操作方法同实验39。

3. 卵子激活及染色体的二倍化处理

向盛有草鱼卵子的培养皿中加入灭活的精液，用干燥的鹅毛将其充分混合均匀后，加水启动发育。卵子遇水开始计算受精激活时间。受精后2～3min冷休克处理以抑制卵子第二极体的排出，受精后20～22min的冷休克处理以抑制卵子的第一次有丝分裂，冷休克温度为4～6℃，冷休克持续时间为10～12min。

4. 胚胎孵化

将经过冷休克处理的雌核发育胚胎转入孵化桶，利用流水孵化，适宜的温度是21～29℃，每隔3h更换一次充分曝气的自来水。

【实验报告】

统计雌核发育成功率。

【注意事项】

温度休克成败的关键因素是休克温度、处理起始时间及处理持续时间。当冷休克处理温度低于4℃、持续时间长于12min时，对卵子的损伤较大，雌核发育二倍体成活率不高；而当冷休克处理温度高于6℃、持续时间短于10min时，不能有效地抑制第二极体的排出或抑制第一次卵裂，从而导致卵子染色体二倍化失败，雌核发育二倍体草鱼的成活率低。

【思考题】

（1）紫外灭活时间过短或过长会有什么影响？

（2）能否使用灭活的草鱼精子作为激活卵子发育的刺激源？

参 考 文 献

Zhang H, Liu S J, Zhang C. 2011. Induced gynogenesis in grass carp (*Ctenopharyngodon idellus*) using irradiated sperm of allotetraploid hybrids. Marine Biotechnology, 13(5): 1017-1026.

实验41　静水压诱导鱼类染色体加倍技术

【实验目的】

了解人工诱导雌核发育方法之一的静水压诱导鱼类染色体加倍的原理、实验方法及在鱼类育种中的应用。

【实验原理】

静水压诱导鱼类染色体加倍的原理是利用静水压破坏减数分裂或有丝分裂的微管蛋白亚单位，使纺锤丝裂解从而抑制第二极体的排出或抑制第一次卵裂，导致染色体加倍。

【实验用品】

1. 材料

雄性鲤、雌性草鱼。

2. 仪器和用具

静水压力器、孵化桶、摇床、光学显微镜、注射器、培养皿、紫外灯、鹅毛等。

3. 试剂

人绒毛膜促性腺激素（HCG）、Hank's液、充分曝气的自来水等。

【实验步骤】

1. 精子的遗传失活

轻轻挤压性成熟鲤的腹部，将白色精液挤到培养皿中。将Hank's液与精液按照4∶1的比例稀释，稀释的精液在培养皿中以0.1～0.2mm薄层分布。将盛精皿置于摇床冰板上，在紫外灯下照射处理20～50min，紫外灯与精液的距离为10～12cm。每隔一段时间，把盛精皿取下手工摇匀，并在光学显微镜下镜检。

2. 人工催卵

选择适当成熟的雌性草鱼进行人工催卵。实验操作方法同实验39。

3. 卵子激活及染色体的二倍化处理

向装有草鱼卵子的培养皿中加入灭活的精液，用干燥的鹅毛将其充分混合均匀后，加水启动发育。休克处理之前，将受精卵带水装入已加有一半左右水的压力室中，然后将水补足，旋上螺盖，由排气阀门排出筒内的剩余空气和多余的水。处理时，静水压力器迅速升压达到预定压力值。压力上升的速度大约为100kg/（cm²·s），处理持续时间包括压力开始上升到卸压时的时间。卸压时，拧开压力泵上的卸压阀门，压力即可瞬间释放。卸压后，旋去螺盖，倒出鱼卵。卵子受精后4～5min采用600kg/cm²或650kg/cm²的静水压持续休克2～3min，效果最好，不但三倍体出现率为100%，且存活率相当高。

4. 胚胎孵化

将经过静水压处理后的雌核发育胚胎转入孵化桶利用流水孵化，适宜的温度为21～29℃，每隔3h更换一次充分曝气的自来水。

【实验报告】

统计雌核发育成功率。

【注意事项】

（1）精子遗传灭活操作一般采取紫外线照射法，紫外线的穿透力不强，故采用稀释精液、薄铺精液和延长照射时间来弥补。

（2）静水压法成败的关键因素是：处理起始时间、施加压力大小及处理持续时间三个参数的最佳比。温水鱼如草鱼，于受精后4～5min时开始最好。处理持续时间上，鲤科鱼类如草鱼一般处理2～3min最好。据报道，最佳施加压力都为550～650kg/cm²，就草鱼而言，其处理的最佳压力位于较低的范围，这可能与其卵子特性有关。

【思考题】

（1）紫外灭活精子过程中处理时间过长或过短会有什么影响？为什么要用冰袋使盛精皿保持0～4℃低温？

（2）静水压诱导鱼类染色体加倍过程中压力过大或过小会导致什么实验结果？发生这种现象的机制是什么？

参 考 文 献

桂建芳，梁绍昌，孙建民. 1990. 鱼类染色体组操作的研究Ⅰ. 静水压休克诱导三倍体水晶彩鲫. 水生生物学报，（4）：336-344，388.

桂建芳，孙建民，梁绍昌. 1991. 鱼类染色体组操作的研究Ⅱ. 静水压处理和静水压与冷休克结合处理诱导水晶彩鲫四倍体. 水生生物学报，（4）：333-342，393-394.

刘筠. 1993. 中国养殖鱼类繁殖生理学. 北京：农业出版社.

Zhang H, Liu S J, Zhang C. 2011. Induced gynogenesis in grass carp (*Ctenopharyngodon idellus*) using irradiated sperm of allotetraploid hybrids. Marine Biotechnology, 13(5): 1017-1026.

实验42 鱼类细胞融合技术

【实验目的】

（1）了解动物细胞融合的常用方法。

（2）学习用聚乙二醇进行细胞融合的基本操作过程。

（3）掌握动物细胞融合过程中细胞的行为和变化。

【实验原理】

细胞融合是指把相同或不同类型的两个或多个细胞融合成一个具有共同细胞质和单一、连续细胞膜的细胞。聚乙二醇（PEG），又名聚环氧乙烷（PEO）、聚氧乙烯（POE），是一种具有商业价值的聚醚。PEG分子能改变各类细胞的膜结构，使两细胞接触细胞膜的脂类分子发生疏散和重组，改变接触处双分子层细胞膜的相互亲和力及彼此的表面张力作用，从而使细胞发生融合，产生体细胞杂合体。

【实验用品】

1. 材料

鱼红细胞。

2. 仪器和用具

恒温培养箱、离心机、1mL注射器、1000μL移液器、10μL移液器、载玻片、盖玻片、3.5cm培养皿、1.5mL EP管、光学显微镜等。

3. 试剂

DMEM培养基、1%肝素钠、50% PEG溶液、瑞氏染液、磷酸缓冲液（NaH_2PO_4：$Na_2HPO_4=1:1$）等。

【实验步骤】

（1）在3.5cm培养皿中加1mL DMEM培养基。

（2）用1mL注射器吸取约300μL 1%肝素钠，从鱼尾部血管取血。

（3）根据血液浓度，滴加适量血液于DMEM培养基中，轻轻摇匀。

（4）加入0.5mL 50% PEG溶液，轻轻摇匀，于37℃培养箱中放置15min。

（5）将上述红细胞悬液转入1.5mL EP管中，1500r/min离心5min。

（6）弃上清，EP管中留50～100μL液体，轻轻吹打混匀。

（7）取10μL混匀后血样加到载玻片上，用盖玻片涂片后自然干燥（因含有PEG溶液，干燥时间较平常做血涂片要长）。

（8）滴加约400μL瑞氏染液，染色3～5min。

（9）滴加约1mL磷酸缓冲液静置5min。

（10）于流水下冲洗（冲洗背面）干净后镜检。

【实验报告】

比较鱼血红细胞融合前后细胞的形态差异。

【注意事项】

（1）制备的鱼血红细胞浓度不能太高，否则细胞容易聚集，影响融合效果。

（2）适当地提高温度可以使细胞融合得更加充分，但是温度不能过高，以免细胞膜上的蛋白质变性。

（3）冲洗时水流不能太大。

【思考题】

简述细胞膜的结构及主要成分。

参 考 文 献

仇燕，李朝炜，苗芳. 2011. 聚乙二醇诱导鸡红细胞融合条件的优化. 生物技术，21（3）：50-53.

赵彦禹，张艳华，冯照军. 2006. 鸡红细胞融合最适条件的探讨. 现代生物医学进展，6（1）：43-44.

实验43　不同倍性鱼红细胞观察及大小测量

【实验目的】

（1）掌握快速辅助鉴定鱼类倍性的方法。

（2）了解鱼类血细胞特征。

【实验原理】

血液由血浆及悬浮于其中的血细胞组成。鱼类血细胞的分类与命名主要根据其形态和功能，参照哺乳动物相关血细胞进行。它包括红细胞和白细胞，其中白细胞又包括淋巴细胞、血栓细胞、单核细胞、嗜中性粒细胞、嗜酸性粒细胞、嗜碱性粒细胞、浆细胞和巨噬细胞等。

（1）红细胞：除短腹冰鱼等极少数鱼类没有红细胞或红细胞含量很少外，绝大多数鱼类的红细胞含量均占其血细胞总量的20%～30%或其以上。红细胞呈椭圆形或长椭椭形，表面光滑，成熟的红细胞中央有一个圆形或椭圆形的细胞核，与哺乳动物无核的成熟红细胞显著不同。鱼类红细胞的大小因鱼的种类、含量和生活环境而有一定的差异，除少数软骨鱼类红细胞的长径可超过20μm外，绝大多数鱼类红细胞的长径为9～18μm，短径为7.5～10.5μm；细胞核长径为5～6.5μm，短径为2.5～4.5μm。在透射电子显微镜下，鱼类红细胞的胞质内只有少量线粒体、核糖体、滑面内质网、高尔基体或囊泡等结构，有些鱼类红细胞的胞质内没有任何细胞器。

（2）淋巴细胞：是鱼类血液中最常见的白细胞。其外形基本一致，且与其他脊椎动物的淋巴细胞相似，呈不规则圆形。细胞中央有椭圆形或马蹄形细胞核，核质比>2。

（3）血栓细胞：鱼类的血栓细胞是数量上仅次于淋巴细胞的白细胞，该细胞常成群分布。

（4）单核细胞：在鱼类白细胞中，它的大小仅次于巨噬细胞和一些大型的嗜碱性粒细胞。该细胞呈球形、圆梨形或不规则形，核较小，呈肾形或马蹄形，常偏于一侧，核质比<1。

（5）嗜中性粒细胞：外形不规则，具有多个胞突，细胞核呈椭圆形、半圆形或肾形，有时也有分叶状。

（6）嗜酸性粒细胞：外周血中数量较少。其细胞呈圆形，细胞核较大，呈干状、肾形或半圆形，偶尔也有二分叶形，位于细胞一侧，核质比>1。

（7）嗜碱性粒细胞：为鱼类血液中含量最少的颗粒细胞，其分布与嗜酸性粒细胞类似。

（8）浆细胞：是鱼类血液中比较少见的一类白细胞，其外形与淋巴细胞相似，是由机体受到抗原刺激后产生的。

（9）巨噬细胞：是鱼类最大的血细胞，它由单核细胞发育形成。

许多方法被用于鉴定多倍体鱼，如细胞学的核型分析，红细胞大小的测量和核组织区带染色、流式细胞仪测定细胞内DNA含量等。其中红细胞大小的测量作为一种简便易行的测量倍性的方法被广泛使用。按照一般规律，细胞有维持较稳定核质比的趋势。细胞大小与DNA的含量或染色体多少成正比，在脊椎动物中，基因组越大，红细胞体积越大。脊椎动物的基因组大小同细胞和组织的多样性一样，不同的物种间存在很大的差别，这些差异中最显著的是基因组的大小和红细胞的大小，现在红细胞大小通常被用作鉴定多倍体的方法。在许多研究中，红细胞体积都被用作多倍体鱼倍性的鉴定依据，红细胞及细胞核的大小与倍性的增加成正比。

【实验用品】

1. 材料

不同倍性鱼的新鲜血液。

2. 仪器和用具

光学显微镜、载玻片、5mL或者2.5mL无菌注射器、洗耳球等。

3. 试剂

（1）ACD抗凝剂：柠檬酸0.48g、柠檬酸钠1.32g、葡萄糖1.47g，溶解于100mL超纯水（ddH$_2$O）中，高压灭菌备用（血液：ACD抗凝剂＝6：1）。

（2）染液：瑞氏染液3mL、吉姆萨液（原液）1.5mL（稀释10～20倍使用）、双蒸水60mL（或pH 6.4磷酸缓冲液），混合摇匀。如有沉淀需重新配制。

【实验步骤】

1. 载玻片的清洗

将新的载玻片放入洗衣粉或肥皂水中煮沸20min；载玻片上的污物用热水洗去；用自来水反复冲洗若干次，再用蒸馏水冲洗3次；浸泡于无水乙醇中保存；实验前每组领取100片，用眼镜布擦干无水乙醇备用。

2. 血液采集

用5mL或2.5mL无菌注射器，吸入一定量抗凝剂后从不同倍性鱼尾部取血。

3. 血涂片制作

用左手手指平握载玻片两条短边，用10μL移液器吸取5μL血样滴于处理好的载玻片右侧约5cm处；另取一块边缘光滑的载玻片作推片，右手持推片，将推片一端置于血滴前方，向后移动到接触血滴，毛细作用使血液均匀分散在推片与载玻片的接触处，使载玻片与推片之间的角度约呈18°，向左平稳推动制成厚薄适宜、分布均匀的粉红色血膜。血膜自然晾干后，用常规瑞氏染液和吉姆萨染液3～5滴双重染色3～5min后，用等量蒸馏水借助洗耳球混匀进一步淡染3～5min。淡染过程中，染色液干涸前用蒸馏水补充。染色完成后，用蒸馏水冲洗，再在光学显微镜下观察，选取血细胞分布均匀、染色适中的涂片留用，要求每位学生制作符合要求的血涂片10片，不符合要求的血涂片舍弃。

4. 观察、测量

从每种鱼外周血涂片中随机抽取200个细胞（图43-1），计算哑铃形红细胞核所占比例。同时从每种鱼外周血涂片中随机抽取20个红细胞（图43-2），通过目镜测微尺测量其细胞及细胞核的长短径，根据公式（4/3）πab^2来计算红细胞体积（a和b分别为长径和短径的一半）。如果测量的细胞为哑铃形红细胞，则将细胞核分解为两个小核来计算体积之

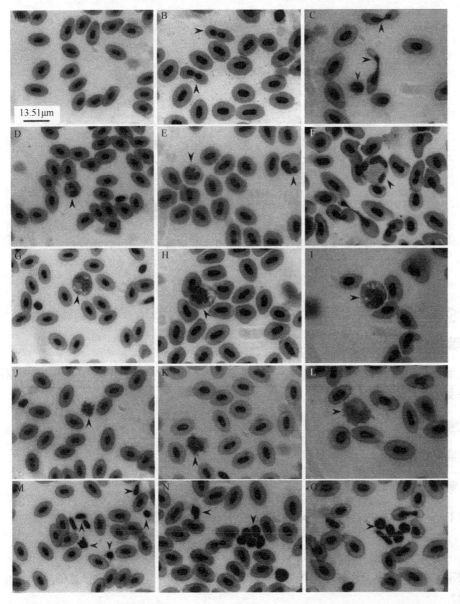

图43-1　异源四倍体鲫鲤、三倍体湘云鲫、二倍体红鲫的血细胞（刘巧等，2004）

　　A. 红鲫红细胞；B. 湘云鲫红细胞，具哑铃形核的红细胞；C. 异源四倍体鲫鲤红细胞，具特殊哑铃形核的红细胞（黑色箭头示），血栓细胞（蓝色箭头示）；D. 红鲫嗜中性粒细胞；E. 湘云鲫嗜中性粒细胞；F. 异源四倍体鲫鲤嗜中性粒细胞；G. 红鲫单核细胞；H. 湘云鲫单核细胞；I. 异源四倍体鲫鲤单核细胞；J. 红鲫淋巴细胞；K. 湘云鲫淋巴细胞；L. 异源四倍体鲫鲤淋巴细胞；M. 红鲫血栓细胞（黑色箭头示）和小淋巴细胞（蓝色箭头示）；N. 湘云鲫血栓细胞；O. 异源四倍体鲫鲤血栓细胞

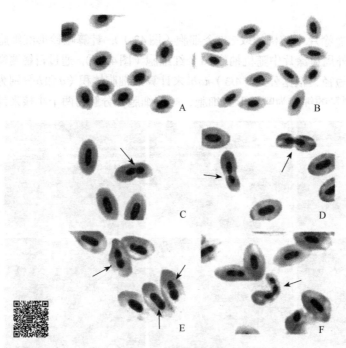

图43-2　红鲫、团头鲂及其杂交多倍体后代的红细胞（Lv et al.，2009）

A. 红鲫中正常的单核红细胞；B. 团头鲂中正常的单核红细胞；C～F. 杂交多倍体后代的红细胞，
有少量双核、多核等异常现象

和，所有结果均进行统计学分析。

【实验报告】

每人做符合要求的血涂片10张（每种鱼制备2张），然后挑选好的区域拍照，计算体积并记录实验数据。

【注意事项】

染色液需现配现用，效果更佳。

【思考题】

参看刘巧等（2004）、Lv等（2009）论文提出1～2个问题。

参 考 文 献

刘巧，王跃群，刘少军，等. 2004. 不同倍性鲫鲤鱼血液及血细胞的比较. 自然科学进展，14（10）：1111-1117.

聂竹兰，廖秋萍，魏杰，等. 2016. 鱼血涂片制作与血细胞的观察在《水产动物组织胚胎学》实践教学中的应用. 畜牧与饲料科学，（3）：69-71.

Lv W T, Liu S J, Yu L, et al. 2009. Comparative study of erythrocytes of polyploid hybrids from various fish subfamily crossings. Cell & Tissue Research, 336(1): 159-163.

实验44　不同倍性染色体计数及核型分析

【实验目的】

（1）掌握染色体的制片方法。

（2）学习染色体组型分析的方法。

（3）掌握显微摄影及图像处理技术。

【实验原理】

染色体研究是鱼类遗传育种学和细胞遗传学的主要内容之一，它不仅对阐明物种遗传变异和繁殖发育规律具有重要意义，而且在物种亲缘种的鉴定、倍性鉴定、染色体组成分析及系统分类等方面都有一定的理论价值。染色体研究还能为杂交育种、多倍体育种、单倍体育种等提供线索和依据，具有一定的理论和实践意义。随着生物多样性调查研究工作的不断展开，鱼类种质研究愈来愈受到水产各界人士的重视，而染色体分析是鱼类种质研究的核心内容，因此使用方便易操作的染色体制片技术研究不同倍性鱼的染色体数目具有重要的研究价值。同时，鱼类染色体高分裂指数标本的获得，又使在鱼类染色体研究中实现染色体荧光原位杂交（fluorescence *in situ* hybridization，FISH）、染色体涂染（chromosome painting）等成为可能。体内注射PHA短期培养法和血细胞体外培养法是制备鱼类染色体标本常用的两种方法，前者方便快捷，后者分散清晰，且可适用于大多数鱼类。

一个物种的染色体数目及形态特征称为该物种的核型（karyotype），包括染色体数目（即基数）、形态、大小、着丝粒位置及次缢痕、随体的有无等。对这些特征进行定量和定性的描述，就是核型分析（karyotype analysis）。染色体核型是染色体研究中的一个基本方法，它对研究生物系统演化、物种之间的亲缘关系、起源、进化与分类、远缘杂交及遗传工程中的染色体鉴别都有重要意义。

染色体核型分析通常包括如下指标。

（1）染色体数目：一般以体细胞染色体数目为准，至少统计5～10个个体、30个以上细胞的染色体数目为宜。在个体内出现不同数目时，则应该如实记录其变异幅度和各种数目的细胞数或百分比，而以众数大于85%者为该种类的染色体数目。

（2）绝对长度：用测微尺直接在显微镜下测量到实际长度（μm），或经显微摄影后在放大照片上换算长度，由于染色体制片中很多因素会影响染色体绝对长度，因此绝对长度值往往不稳定。

（3）染色体相对长度：是指单个染色体的长度占单套染色体组（性染色体除外）总长度的百分数。核型分析中常采用相对长度。相对长度＝每条染色体长度/单倍染色体长度×100%（精确到0.01），将两条同源染色体的相对长度取平均值，作为染色体组中这一序号染色体的相对长度。

（4）臂比：一条染色体两条臂长度的比值。臂比＝长臂（q）/短臂（p）（精确到0.01）。

（5）着丝粒位置：现在最常用的着丝粒命名法是Levan等（1964）提出的二点四区系统，其规定见表44-1。

表44-1　二点四区系统

臂比（长臂/短臂）	着丝粒位置	简写	臂比（长臂/短臂）	着丝粒位置	简写
1.00	正中部着丝粒	M	3.01～7.00	亚端部着丝粒区	st
1.01～1.70	中部着丝粒区	m	≥7.01	端部着丝粒区	t
1.71～3.00	亚中部着丝粒区	sm	∞	端部着丝粒	T

（6）次缢痕及随体：次缢痕的有无及位置，随体的有无、形状和大小都是重要的形态指标，也应仔细观察记载。带随体的染色体用SAT或"*"标记。

辨析每条染色体的特征。一般采用分散良好、形态清楚而典型的有丝分裂中期的染色体标本，但对少数物种也可用减数分裂粗线期的染色体标本。

由于制片过程中易出现染色体重叠、丢失等现象，核型分析时至少要统计30个分散良好、染色体形态清晰的有丝分裂中期细胞。

传统的核型分析程序是把每条染色体一一剪下，进行分组，并按一定规则排列起来，粘贴在一张纸上。这种方法既耗时又不准确。所以从20世纪60年代起，人们开始将图像处理技术应用于核型分析中，目前已经实现计算机自动检测染色体分散良好的中期细胞，并自动完成核型分析。但是，这些自动核型分析软件价格昂贵，一般单位不具有。Adobe Photoshop是一款流行的功能强大的图像处理软件，可以很容易地完成染色体裁剪、排列、测量等工作。与传统方法相比，其具有操作简单、去除斑点、调整光亮度等优点。

【实验用品】

1. 材料

实验鱼。

2. 仪器和用具

离心机、光学显微镜、无菌注射器、镊子、剪刀、载玻片、胶头滴管、离心管、培养皿、酒精灯等。

3. 试剂

植物血凝素（PHA）、秋水仙素、0.8%生理盐水、0.075mol/L KCl溶液、甲醇、冰醋酸、吉姆萨染液等。

【实验步骤】

1. 肾组织染色体制片方法

（1）对实验鱼注射PHA 1～3次（间隔时间：第二次与第一次间隔时间为12～12.5h；第三次与第二次间隔时间为3～3.5h），每次剂量为6～15μg/g体重（第一次为10μg/g体重，第二次为15μg/g体重，第三次为6μg/g体重）。

（2）在注射第三次PHA的同时，对该实验鱼注射秋水仙素，剂量为4～5μg/g体重。

（3）待第三次注射PHA后的80～90min，在实验鱼的鳃组织处进行剪碎处理，放血5min后取出该实验鱼的肾组织，在培养皿中用少许0.8%生理盐水湿润肾组织并用剪刀充分剪碎肾组织，将其匀浆液转移至干净的离心管中，加入8mL生理盐水后猛吹打200余下，最后定容至12mL，1500r/min离心5min，弃去上清液。

（4）将第（3）步的细胞悬液沉淀用0.075mol/L KCl溶液进行低渗处理，定容至12mL，每隔10min轻轻吹打一次，在20℃温度下低渗40～60min，1500r/min离心5min，弃去上清液。

（5）将第（4）步的细胞悬液沉淀用冰醋酸-甲醇（1∶3）固定1～3次，每次固定15～30min，每次固定好后1500r/min离心5min，弃上清液后进行下一次固定。

（6）将固定好的细胞悬液在冰冻载玻片（-20℃）上滴片，并在酒精灯上进行烤片，置于干净平板上直至自然干燥。

（7）用配好的吉姆萨染液染色45～60min，用细水流冲洗载玻片背面以便去除染液，风干后用光学显微镜进行镜检并拍照保存。

2. 用Adobe Photoshop进行核型分析

（1）染色体随机编号：打开Adobe Photoshop软件，鼠标左键点击文件按钮→打开→选择要打开的染色体图片→鼠标左键点击左侧横排文字工具（T）→选择横排文字工具对染色体进行编号。

（2）测量：鼠标左键点击视图→选择标尺→选择单位（mm）→鼠标左键点击分析（A）按钮→选择标尺工具测量长臂、短臂。实际长度换算如下。

染色体臂长的实际长度＝测量长度×标尺实际长度／标尺测量长度

例如，该染色体臂长的测量长度为59.65mm，标尺（10μm）的测量长度为149mm，则染色体臂长的实际长度＝59.65mm×10μm/149mm≈4μm。

（3）配对：根据目测结果和染色体相对长度、臂比、着丝粒位置及次缢痕的有无及位置，随体的有无、形状及大小等特性将同源染色体配对。

（4）裁剪：将同源染色体配对后根据中部、亚中部、亚端部及端部着丝粒等类型，按照由大到小的原则使用套索工具对染色体进行裁剪，可选择多边形套索。

多边形套索操作步骤：①左键点击软件左侧工具栏中套索工具→选择多边形套索，进行随机裁剪。②新建图层：点击软件上方文件按钮→选择新建图层→选择图像大小→确定。③染色体移动：用"Ctrl＋C"将裁剪好的染色体复制粘贴（Ctrl＋V）到新建图层中。④染色体位置校正：点击软件上方编辑→变换→旋转对裁剪好的染色体进行位置校正。⑤裁剪：点击左侧缩放工具将待裁剪染色体进行放大处理→点击软件左侧矩形选框工具选择染色体→鼠标放在染色体处点击右键选择反向→鼠标左键点击左侧橡皮擦工具→将边框周围处理干净→再次选择反向→点击左侧移动工具将染色体移动。⑥染色体编号：按照染色体编号将软件右侧的图层更改成相应染色体编号＋着丝粒类型，以方便以后修改。⑦排列：点击移动工具从标尺处（视图→标尺）拉取若干条校准线对染色体位置进行固定，按照中部着丝粒、亚中部着丝粒、端部着丝粒从大到小进行分类排列（图44-1）。

【实验报告】

（1）拍摄符合要求的处于细胞分裂中期的染色体图片10张。

（2）选择2张分裂象好的染色体图片，制作染色体核型图。

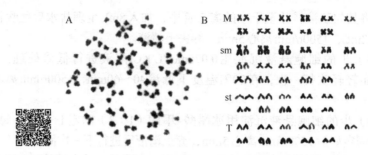

图44-1　同源二倍体类鲫肾细胞染色体中期分裂象及核型（Wang et al., 2017）

A. 染色体中期分裂象；B. 染色体核型

（3）制作表格，将染色体核型图上所测量的数据填入其中，写出染色体形态类型。

【注意事项】

（1）染色体制片过程中，应严格参照实验步骤中的药物效应时间进行药物注射。

（2）染色体制片过程中，只有在加入生理盐水的步骤中可以猛烈吹打，其他步骤均应轻轻吹打，以免染色体分裂象遭到很大破坏。

（3）由于制片过程中易出现染色体重叠、丢失等现象，核型分析时要统计30个以上分散良好、染色体形态清晰的有丝分裂中期细胞。

【思考题】

（1）染色体研究被广泛应用到哪些领域？详细阐述其研究意义。

（2）染色体核型分析有什么意义？

（3）采用Adobe Photoshop进行核型分析有哪些优点？

参 考 文 献

李雅娟. 2012. 水产动物遗传育种学实验指导. 北京：中国农业科学技术出版社.

杨大翔. 2004. 遗传学实验. 北京：科学出版社.

张伟明，吴萍，吴康，等. 2003. 两种鱼类染色体制片方法的比较研究. 水利渔业，23（5）：9-10.

Levan A, Fredga K, Sandberg A A. 1964. Nomenclature for centromeric position on chromosomes. Hereditas, 52(2): 201-220.

Wang S, Ye X L, Wang Y D, et al. 2017. A new type of homodiploid fish derived from the interspecific hybridization of female common carp × male blunt snout bream. Scientific Reports, 7(1): 4189.

实验45　流式细胞仪细胞倍性检测技术

【实验目的】

（1）掌握快速活体鉴定鱼类倍性的方法。

（2）了解流式细胞分选原理。

【实验原理】

流式细胞术（flow cytometry）是一项现代化的DNA倍性分析的高新技术，通过对细胞的光散射和不同荧光的多参数同步测定，可对单细胞的果树DNA倍性进行快速、精确地定性和定量分析。

流式细胞仪的激发光源为15mW氩离子，激发波长为488nm，通过激发光源照射可激发经荧光染色DNA分子促发荧光，测定荧光强度，与测定装置相连的计算机分析软件可对荧光强度进行分析。通过流式细胞仪对大量的处于分裂间期的细胞DNA含量进行检测，然后经与仪器连接的计算机自动统计分析，最后绘制出DNA含量（倍性）的分布曲线图。DNA含量与荧光信号强度成正比关系。细胞核的倍性最后以C值表示，$1C$表示细胞核单倍体，$2C$表示细胞核二倍体，依次类推。

应用流式细胞仪计算测量细胞核内DNA含量实际上是细胞周期的测量。由于细胞核G_1期的DNA含量可反映一个细胞的倍性，因此常常用DNA含量来估计细胞的倍性。因为流式细胞术测定的生物细胞必须处于单细胞悬浮液状态，所以单细胞的样品可以直接进行测定，也可经液氮冷冻保藏后测定。

【实验用品】

1. 材料

红鲫、鲤及不同倍性的鲫鲤杂交品系。

2. 仪器和用具

流式细胞仪、过滤器、5mL小试管、小培养皿、小剪刀、眼科剪、镊子、2.5mL无菌注射器、EP管等。

3. 试剂

PBS（pH7.4）（或者生理盐水）、DAPI染液、ACD抗凝剂溶液等。

PBS配方（pH 7.4）：磷酸二氢钾（KH_2PO_4）0.24g、磷酸氢二钠（Na_2HPO_4）1.44g、氯化钠（NaCl）8g、氯化钾（KCl）0.2g，加去离子水约800mL充分搅拌溶解，然后加入浓盐酸调pH至7.4，最后定容到1L。

【实验步骤】

1. 内标的应用

用流式细胞仪进行倍性分析时，常用DNA的绝对含量或相对含量来进行分析。如果要测量DNA的绝对含量，就必须设一个标准的样品，来换算出DNA的绝对含量。通常用已知细胞核DNA含量的鸡血红细胞核作测量标准。其制备方法可参照刘军等（1998）。也可以用DNA的相对含量进行比较分析，在测量待检测样品时，选择一个已知倍性的同类材料作对照，所有待检测的样品均与其做比较，即可换算出待检样品的DNA相对含量，并对其进行倍性分析。在本实验中，采用红鲫的红细胞（$2n=100$）作为对照，进行相关的倍性检测。

2. 细胞核悬液的准备

进行流式分析的样品中细胞核的浓度必须保持在$1.0 \times 10^5 \sim 1.0 \times 10^7$个/mL。

（1）胚胎：取一个（或多个）原肠胚期到尾芽期胚胎于小培养皿中，用小剪刀剪碎，加少量PBS移至1.5mL灭菌的EP管中，静置2min，用移液器吸掉底层沉淀，留细胞悬液备用。

（2）血液：用注射器吸取0.2mL ACD抗凝剂溶液，实验鱼的尾部用络合碘消毒后，从侧线下方吸取0.2～0.3mL血液，存放于1.5mL灭菌的EP管中备用。

（3）组织：使用眼科剪剪取部分尾鳍组织置于1.5mL的EP管中，加入50μL ACD抗凝剂溶液，用眼科剪将组织剪碎制成细胞悬液。

3. 细胞核悬液DNA特异性染色

取与待测样品数相同数量的1.5mL灭菌EP管，每管中加入500μL特定的DAPI染液，做好标签，向染液中添加对应的样品（胚胎、细胞、组织的样品使染液稍显浑浊即可，血液样品使染液呈淡黄色即可），避光染色10～15min，30μm过滤器过滤，加PBS（或生理盐水）稀释，使进行流式分析的样品中细胞核的浓度保持在1.0×10^5～1.0×10^7个/mL。过滤收集于5mL的小试管中。

4. 上机测定

按流式细胞仪操作规程，进行样品的测定，以及结果分析和保存。

【实验报告】

制备较好的两个样本峰图，并依据对照判断其倍性。

【注意事项】

流式细胞术检测倍性，选用合适、稳定的对照最关键。鉴于每次仪器运行状态不一样，每次开机都要重新设置对照。

【思考题】

流式细胞术可以检测鱼类生殖细胞的倍性吗？

参 考 文 献

刘军, 匡培根, 李斌, 等. 1998. 丹参对大鼠脑缺血再灌注损伤保护机制的实验研究. 中国神经免疫学和神经病学杂志, 5（2）：6.

吴雅琴, 常瑞丰, 程和禾. 2006. 流式细胞术进行倍性分析的原理和方法. 云南农业大学学报, 21（4）：407-409, 414.

第五篇

鱼类单性生殖和性别调控

第十章　雌核发育和雄核发育

实验46　精子灭活及斑马鱼雌核发育子代制备

【实验目的】

（1）学习精子紫外照射遗传灭活的方法。

（2）学习卵子染色体加倍的方法。

（3）掌握人工雌核发育技术。

【实验原理】

雌核发育是指卵子在精子的刺激下，依靠自身的细胞核发育成只具有母系遗传物质个体的一种特殊有性生殖方式。脊椎动物中，少数鱼类、两栖类和爬行类中已经被发现存在天然雌核发育现象。其中有些爬行类可以进行真正的孤雌生殖，即卵子不经受精即可发育为子代个体，而鱼类和两栖类的卵子则需精子激活才能启动胚胎发育，但精子遗传物质并不进入子代。而且雌核发育技术在探讨性别决定机制、构建连锁图谱等理论研究，提纯育种、单性养殖等生产应用方面具有重大意义。自20世纪50年代以来，研究者已在几十种鱼类中进行了人工雌核发育的诱导，其是近年来水产养殖领域的研究热点之一。

人工诱导雌核发育，首先应对精子进行遗传灭活，人工授精后通过抑制减数分裂或有丝分裂，使得单倍体胚胎的染色体加倍发育成二倍体。精子遗传灭活，即通过物理或化学方法破坏精子中遗传物质，但遗传灭活后的精子仍具备完成受精的生理活性。可以使用的物理遗传灭活方法有γ射线、X射线和紫外线照射。其中γ射线和X射线对设备的要求严格、操作复杂且具有一定的危险性，因此该方法仅在鱼类诱变育种早期研究中有少量报道；物理方法中，紫外线照射是目前被使用得最广泛的精子遗传灭活方法，它对设备的要求简单、操作方便、危险性小，虽然穿透力相对较弱，但可以通过调整精液稀释倍数、照射距离和照射时间来取得理想的遗传灭活效果。可用于遗传灭活的化学药物有甲苯胺蓝、噻嗪、乙烯脲、二甲基硫酸盐、吖啶黄，但经过化学药物处理的精子的生理活性很弱，效果较差，因此使用化学药物进行遗传灭活的较少。在精子遗传灭活过程中存在灭活不完全的情况，若使用同源精子激活的胚胎，后代中会有正常受精发育而来的自交个体隐藏于雌核发育群体中，后续难以鉴别雌核发育成的二倍体与正常受精发育成的二倍体。因此研究者开始寻求亲缘关系较远的异种精子诱导雌核发育，特别是远缘杂交难以产生存活后代的异源精子，这样可确保存活的后代均为雌核发育。

鱼类成熟卵子是处在减数第二次分裂中期的次级卵母细胞，受精后再继续完成减数分裂，排出第二极体，然后开始胚胎发育。当成熟卵子与遗传灭活的精子受精后，只含有一套染色体的单倍体能顺利地通过胚胎发育阶段，但最终由于单倍体综合征（haploid syndrome）而不能存活。因此，需通过人工的方法将"受精卵"诱导为二倍体，胚胎才能正常发育、存活。人工诱导加倍主要是通过抑制减数分裂或有丝分裂来实现的，方法参见第八章。

【实验用品】

1. 材料
健康且性成熟的雌性、雄性斑马鱼和雄性红鲫。

2. 仪器和用具
15W紫外灯、摇床、10cm玻璃培养皿、1mL无菌注射器、15mL离心管、塑料吸管、温度计、载玻片、计时器、水浴锅、120目小型捞网、光学显微镜等。

3. 试剂
促黄体素释放激素类似物、人绒毛膜促性腺激素、Hank's液等。

【实验步骤】

1. 亲鱼人工催产
将斑马鱼按照雄性与雌性2∶1的数量比例放入孵化盒中，进行暗处理10～14h，然后光照20～30min。父本亲鱼红鲫注射促黄体素释放激素类似物与人绒毛膜促性腺激素的混合催产剂，促黄体素释放激素类似物的剂量为7～8μg/kg，人绒毛膜促性腺激素的剂量为325～400IU/kg。

2. 精子遗传灭活
取人工催产后得到的雄性红鲫，挤出精液用Hank's液按体积比1∶200稀释，取2～5mL稀释的红鲫精液平铺于10cm的玻璃培养皿中，置于15W紫外灯下10～15cm处的摇床冰板上，摇床转速为60～100r/min，避光照射2～2.5min，随后收集于15mL离心管中，避光低温保存备用。

3. 倍性操作
取人工催产后得到的顺利产卵的雌性斑马鱼，挤出卵子，将灭活过的精液均匀覆盖在卵子上，加水搅动混匀，完成人工授精。将受精卵置于培养皿中28.5℃静水培养2min（抑制第二极体）或者22min（抑制第一次卵裂），转入41～42℃水中热休克处理2min，然后于28.5℃条件下静水孵化。

实验流程如图46-1所示。

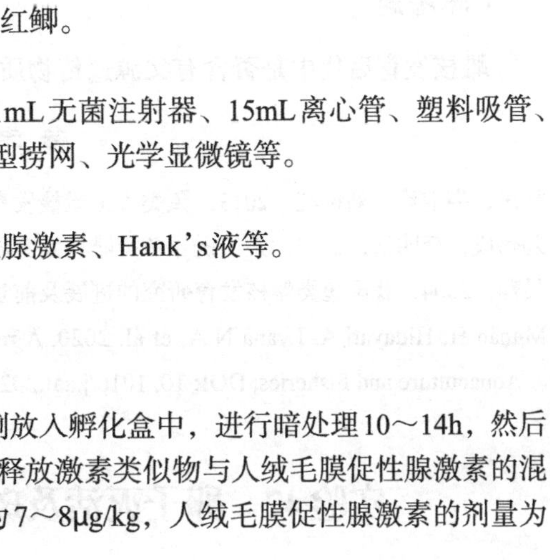

22mpf 41~42℃
热休克处理2min

图46-1　红鲫诱导雌核发育斑马鱼
A. 雌性斑马鱼；B. 雄性红鲫；C. 雌核发育斑马鱼；
22mpf. 22 minutes post fertilization，受精后22min

【实验报告】

（1）每人统计雌核发育胚胎的受精率、孵化率和存活率。

（2）跟踪拍摄雌核发育斑马鱼的胚胎发育过程。

【注意事项】

精子灭活过程中，应实时在光学显微镜下观察精子活力，避免精子过度失活丧失受精功能。

【思考题】

雌核发育后代中是否含有父源遗传物质，为什么？

参 考 文 献

杜民，牛宝珍，刘艳红. 2013. 鱼类人工雌核发育的研究进展. 亚洲遗传病病例研究，1（2）：7-13.

刘伟成，李明云. 2005. 人工诱导鱼类雌核发育研究进展. 水生态学杂志，25（6）：12-14.

吴萍. 2004. 我国鱼类雌核发育研究的进展及前景. 上海水产大学学报，13（3）：255-260.

Manan H, Hidayati A, Lyana N A, et al. 2020. A review of gynogenesis manipulation in aquatic animals. Aquaculture and Fisheries, DOI: 10. 1016/j.aaf.202011.006.

实验47　卵子灭活及斑马鱼雄核发育子代制备

【实验目的】

（1）学习卵子紫外照射遗传灭活的方法。
（2）学习精子染色体加倍的方法。
（3）掌握人工雄核发育技术。

【实验原理】

雄核发育是指卵子只依靠雄性原核进行发育的特殊的有性生殖方式。从理论上讲，精子含有一个生物所必需的全套遗传物质，因此，单个精子完全具备发育成为个体的潜能。人工诱导雄核发育，是将卵子进行遗传失活，"受精"后通过抑制第一次有丝分裂诱导染色体加倍，由此使单倍体胚胎加倍发育成二倍体个体。由于雄核发育的遗传物质完全来自父方，没有雌性原核的参与，其后代的各基因座均处于纯合状态。因此，采用雄核发育而获得的鱼为纯合二倍体。卵子遗传灭活是人工诱导雄核发育的关键之一，目前主要采用γ射线、X射线、紫外线等手段来获得雄核发育单倍体。其中γ射线和X射线具有较好的穿透力，但是在处理时，细胞质中的线粒体DNA、信使RNA及其他结构可能连同染色体DNA一起被破坏，影响胚胎发育，同时它们对设备的要求严格、操作复杂且具有一定的危险性，因此该方法使用得较少。紫外线是一种安全、廉价、易得的射线，紫外线的主要作用是使DNA氢键断裂，同一链上相邻的或双螺旋相对应的两条链上的胸腺嘧啶之间形成胸腺嘧啶二聚体，胸腺嘧啶二聚体的形成使双螺旋的两链间的键减弱，使DNA结构局部变形，从而影响DNA的正常复制和转录。紫外线具有低穿透力，可以对卵细胞质成分的损伤降低到最低，而且它对设备的要求简单、操作方便、危险性小，因此紫外线在人工雄核发育研究中应用前景极大。

雄核发育胚胎只含有父本来源的1套染色体，虽然能顺利地通过胚胎发育阶段，但最终由于单倍体综合征（haploid syndrome）而不能存活。因此，也需要像雌核发育一样通过人工的方法将"受精卵"诱导为二倍体，胚胎才能正常发育、存活。而雄核发育人工诱导加倍主要是通过抑制减数分裂或有丝分裂来实现的，方法参见第八章。

【实验用品】

1. 材料

健康且性成熟的雌性野生型斑马鱼和雄性Casper斑马鱼（无色素、透明）。

2. 仪器和用具

15W紫外灯、摇床、10cm玻璃培养皿、塑料吸管、温度计、载玻片、计时器、水浴锅、120目小型捞网、光学显微镜等。

3. 试剂

Hank's液、卵子保存液等。

【实验步骤】

1. 亲鱼人工催产

将斑马鱼按照雄性与雌性2:1的数量比例放入孵化盒中，进行暗处理10～14h，然后光照20～30min。

2. 精子收集

取人工催产后得到的雄性Casper斑马鱼，挤出精液，用Hank's液按照1:50进行稀释，置于冰上备用。

3. 卵子遗传灭活

取人工催产后得到的雌性野生型斑马鱼，挤出卵子，平铺于10cm玻璃培养皿上（尽量保证单层卵子），并在卵子上覆盖一层卵子保存液，置于15W紫外灯下10～15cm处的摇床冰板上，摇床转速为60～100r/min，避光照射1～2min，随后加入雄性Casper斑马鱼精液，进行人工授精。

4. 倍性操作

取人工授精的胚胎置于培养皿中于28.5℃条件下静水培养22min，再转入41～42℃水中热休克处理2min，然后于28.5℃条件下静水孵化。

实验流程如图47-1所示。

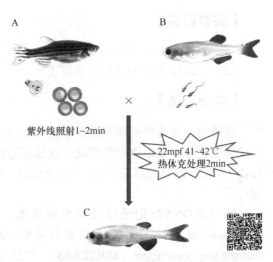

图47-1 Casper斑马鱼雄核发育诱导

A. 雌性斑马鱼；B. 雄性Casper斑马鱼；C. 雄核发育Casper斑马鱼；22mpf. 22 minutes post fertilization，受精后22min

【实验报告】

（1）每人统计雄核发育胚胎的受精率、孵化率和存活率。

（2）跟踪拍摄雄核发育斑马鱼的胚胎发育过程。

【注意事项】

雄核发育实验中，卵子质量至关重要，在进行人工催产时应定期检查雌鱼，避免卵子出现过熟。

【思考题】

请问雄核发育后代是否全部为父系遗传，为什么？

参 考 文 献

范兆廷，寮苏祥. 1993. 鱼类的雌核发育、雄核发育和杂种发育. 水产学报，17（2）：179-187.

楼允东. 1999. 鱼类育种学. 北京：中国农业出版社.

杨景峰. 2004. 斑马鱼雄核发育及其雄性控制研究. 武汉：华中农业大学硕士学位论文.

赵振山，吴清江，高贵琴. 2000. 鱼类雄核发育的研究进展. 遗传，22（2）：109-113.

实验48　雌核发育子代遗传纯合度鉴定

【实验目的】

（1）学习遗传纯合度鉴定方法。

（2）掌握微卫星DNA标记检测技术。

【实验原理】

遗传纯合度是指对种群或个体遗传均匀性的测度。其在种群中是指特定基因座上纯合个体的比率；在个体中是指纯合基因座的比例。常规的遗传纯合度分析方法包括使用RAPD标记、DNA指纹分析法、AFLP标记、单核苷酸多态性（SNP）标记和微卫星DNA标记等。

微卫星DNA标记是近几年发展迅速、应用广泛的分子标记之一，微卫星DNA（microsatellite DNA），又称为短串联重复（short tandem repeat，STR）或简单重复序列（simple sequence repeat，SSR或SRS），广泛存在于原核生物和真核生物基因组中，常见的有二至四核苷酸重复序列，约占真核生物基因组的5%，其基本构成单元（核心序列）为1～6bp。每个微卫星DNA的核心序列结构相同，重复单位数目为10～60，其长度一般不超过300bp，多位于基因非编码区、内含子或非翻译区，可存在于Alu序列中或卫星序列中。微卫星DNA的高度多态性主要来源于串联数目的不同。关于微卫星DNA多态性产生的机制，目前普遍认为是DNA复制过程中滑动或DNA复制和修复时链滑动与互补链碱基错配，导致一个或几个重复单位的缺失或插入。与其他分子标记相比，微卫星DNA标记具有较高的多态性并具有种类多、分布广泛、高度多态性、杂合性高、重组率低的特点，在群体中变异范围大，构成了丰富的长度多态性，有高度的个体特异性。微卫星DNA标记被广泛应用于雌核发育后代父本遗传物质的检测，同时由于其具有共显性特点，因而被用于进行雌核发育后代遗传纯合度分析。

【实验用品】

1. 材料

雌核发育子代组织样品。

2. 仪器和用具

移液器、1.5mL离心管、PCR仪、聚丙烯酰胺凝胶电泳仪、凝胶成像分析系统等。

3. 试剂

Tris-HCl、EDTA、NaCl、十二烷基硫酸钠（SDS）、蛋白酶K、三氯甲烷（氯仿）、乙醇、DEPC水、*Taq* DNA聚合酶、微卫星引物、6%的非变性聚丙烯酰胺凝胶、硝酸银等。

【实验步骤】

1. DNA提取

取100mg左右的雌核发育子代组织样品置于1.5mL离心管中，加入裂解液（10mmol/L Tris-HCl、5mol/L EDTA、75mmol/NaCl、5g/L SDS），然后加适量蛋白酶K，于55℃条件下消化过夜，用氯仿抽提、乙醇沉淀，漂洗，于室温条件下干燥，将DNA溶于适量DEPC水中，于−20℃条件下保存。

2. PCR反应体系

10μL体系：100ng/μL模板DNA 1μL、10ng/μL引物各0.5μL、dNTP混合物0.2μL、PCR缓冲液1μL、50U/μL *Taq* DNA聚合酶0.1μL、ddH$_2$O 6.7μL。PCR反应条件：94℃预变性5min；94℃变性30s，各引物在相应温度下退火30s，72℃延伸30s，36个循环；72℃终延伸10min。PCR产物在6%的非变性聚丙烯酰胺凝胶中分离，用硝酸银染色。

3. 数据分析

利用Popgene软件计算两个群体的等位基因数（*A*）、有效等位基因数（Ae）、预期杂合度（He）、观测杂合度（Ho）和位点多态信息含量（PIC）。

【实验报告】

（1）拍摄微卫星DNA电泳图谱。

（2）每人统计雌核发育子代的等位基因数、有效等位基因数、预期杂合度、观测杂合度和位点多态信息含量。

【注意事项】

实验时应该保证一定的样本数量，样本数量越多，结果的可信度越高。

【思考题】

为什么雌核发育群体的遗传纯合度比普通群体高？

参 考 文 献

李国庆，伍育源，秦志峰，等．2004．鱼类遗传多样性研究．水产科学，23（8）：42-44.

宋威，张芹，李桂玲．2009．微卫星DNA标记在鱼类遗传多样性分析中的应用．河南水产，（3）：9-10.

闫华超，高岚，付崇罗，等．2004．鱼类遗传多样性研究的分子学方法及应用进展．水产科学，23（12）：44-48.

闫华超，司振书，李桂兰．2007．微卫星DNA标记及其在鱼类遗传多样性研究中的应用．生物技术，17（3）：83-85.

第十一章　鱼类性别鉴定及调控

实验49　鲫雄性第二性征（珠星）观察

【实验目的】

（1）掌握繁殖季节鲫的雄性特征。

（2）了解珠星的形成过程及发生的意义。

【实验原理】

雄性鲫在繁殖季节，由于雄激素的刺激，表皮某些部位的细胞逐渐膨大，聚集成垫，成垫细胞从外向内逐渐角质化，最后形成没有生命特征的角质化白色突起，即珠星，通常位于发情雄鱼的鳃盖和胸鳍上。在繁殖季节，可以通过触摸和观察是否有珠星来判断雌雄。

【实验用品】

1. 材料

性成熟的鲫。

2. 仪器和用具

倒置显微镜、水箱、捞网、毛巾、剪刀、镊子、载玻片、盖玻片等。

3. 试剂

PBS等。

【实验步骤】

1. 观察和触摸珠星判断雌雄

将鲫捞出，用打湿的毛巾包住鱼体，露出胸鳍和头部，观察鳃盖和胸鳍上是否有白色突起（珠星），同时用手触摸鳃盖和胸鳍，感受是否有点状突起，根据有无珠星将鲫分成雌雄两部分。

2. 通过有无精液判断雌雄

将鲫捞出，用打湿的毛巾擦干体表水分，左手固定鱼体，使腹面朝上，右手的食指和拇指顺着雄鱼腹部往泄殖孔方向挤压，看是否有精液流出以判断雌雄。

3. 在倒置显微镜下观察珠星的形态

将雌性和雄性鲫的胸鳍剪下部分，用镊子转至滴有一滴PBS的载玻片上展开，盖上盖玻片，在显微镜下观察。

【实验报告】

（1）比较珠星法和精液法鉴定雌雄结果，看两者结果是否匹配。

（2）描绘珠星的形态和分布。

【注意事项】

（1）将剪下的胸鳍在PBS中充分展开，再盖上盖玻片观察。

（2）使用镊子展开鱼鳍时要避免将鱼鳍弄碎。

【思考题】

为什么鲫的珠星只在繁殖季节里出现？

参 考 文 献

邓河频. 1999. 池塘养鱼基础知识讲座——第六讲：鲤、鲫、团头鲂的人工繁殖（下）. 渔业致富指南，（12）：40-42.

实验50　斑马鱼雄性第二性征（生殖结节）观察

【实验目的】

（1）掌握斑马鱼的雄性特征。

（2）了解生殖结节的形成过程及发生的意义。

【实验原理】

雄性斑马鱼从青春期开始，由于雄激素的作用，其胸鳍第一鳍条至第五鳍条出现生殖结节，在显微镜下呈刺突样，雄性斑马鱼生殖结节从青春期形成后将一直存在，可以作为鉴定斑马鱼性别重要的第二性征。

【实验用品】

1. 材料

性成熟的雄性斑马鱼。

2. 仪器和用具

倒置显微镜、水箱、捞网、毛巾、剪刀、镊子、载玻片、盖玻片等。

3. 试剂

PBS、间氨基苯甲酸乙酯甲磺酸盐（鱼安定，Tricaine）等。

【实验步骤】

（1）取一片干净的载玻片，在中央滴一滴PBS。

（2）将斑马鱼浸于0.016%间氨基苯甲酸乙酯甲磺酸盐中进行麻醉，等待30～60s，使斑马鱼进入静息状态。

（3）将麻醉后的斑马鱼捞出，置于湿的毛巾上，用镊子夹起一侧胸鳍，用剪刀从鳍条基部剪掉胸鳍。

（4）将剪下的胸鳍置于载玻片中央的PBS中，用镊子使其充分展开。

（5）盖上盖玻片，在倒置显微镜下观察。

【实验报告】

描绘生殖结节的形态和分布。

【注意事项】

剪胸鳍时不要用力捏斑马鱼，以免致其死亡。

【思考题】

为什么雄性斑马鱼的生殖结节从青春期开始后一直存在？

参 考 文 献

McMillan S C, Geraudie J, Akimenko M A. 2015. Pectoral fin breeding tubercle clusters: a method to determine zebrafish sex. Zebrafish, 12: 121-123.

实验51　鱼类雌雄性腺的早期鉴定（性别特异片段扩增）

【实验目的】

（1）掌握鱼类性别决定系统及早期性别的鉴定技术。

（2）了解影响鱼类性别分化的因素及性别分化的关键期。

（3）了解鱼类早期性别鉴定的意义与应用。

【实验原理】

鱼类性别决定的机制引起了生物学家的广泛关注，因为该机制在理论和实践上都具有重大意义。硬骨鱼中性别决定的过程千差万别，包括雌雄同体、环境（温度、pH等）性别决定及遗传性别决定。虽然硬骨鱼与四足动物起源于大约4.5亿年前的同一世系，并具有大约70%的基因组序列相似性，但在大多数情况下，硬骨鱼的遗传性别决定机制与四足动物的遗传差异很大。与存在明显的性染色体和共同的主要性别决定基因的哺乳动物和鸟类不同，硬骨鱼中仅有大约270个物种（少于1%）观察到了异配子染色体。其中，大约70%是雄性异配子（XX雌性和XY雄性），而30%是雌性异配子（ZZ雄性和ZW雌性）。

尽管鱼类性别决定机制如此复杂多变，但是越来越多的鱼类性别相关的分子标记及性别决定基因被鉴定出来，这也很大程度上依赖于现代测序技术的发展。基于这些性别相关的分子标记和性别决定基因，科研人员可以设计出性别特异性引物，从而能够实现基于特异性PCR的遗传性别的鉴定。本实验利用黄颡鱼性别特异性引物（正向引物，GATTGTAGAAGCCATCTCCTTAGCGTA；反向引物，CATGTAGATCACTGTACAATCCCTG），该引物能扩增出一条955bp的X特异性片段和一条826bp的Y特异性片段，因而可以快速有效地区分开基因型为XX、XY及YY的个体，从而对黄颡鱼的性别进行鉴定。

【实验用品】

1. 材料

性成熟黄颡鱼（雌雄鱼各8条）的DNA、早期未性成熟黄颡鱼（30尾）鳍条的DNA。

2. 仪器和用具

PCR仪、电泳装置、微量离心机、微量移液器、紫外线观察装置及凝胶扫描成像仪等。

3. 试剂

引物、dNTP混合物、*Taq* DNA聚合酶、PCR缓冲液、电泳所需试剂等。

【实验步骤】

1. 前期准备

提取未性成熟黄颡鱼（30尾）鳍条的DNA和性成熟黄颡鱼（雌雄鱼各8条）的DNA；向生物公司订购性别特异性引物。

2. 引物性别特异性的验证

首先用性别特异性引物，以性成熟黄颡鱼的DNA为模板验证引物的性别特异性。PCR扩增的条件如下。

（1）PCR反应系统：

10×PCR缓冲液	2μL
25mmol/L dNTP混合物	0.4μL
5U/μL *Taq* DNA聚合酶	0.1μL
10μmol/L引物	0.5μL
50ng/μL gDNA	1μL
ddH$_2$O	16μL
总体积	20μL

（2）PCR反应程序：94℃预变性5min；94℃变性30s，58℃退火30s，72℃延伸1min，30个循环；72℃终延伸10min；最后在12℃保存。

（3）凝胶检测与结果拍照：在PCR扩增期间，提前配制好1.2%添加了EB的琼脂糖凝胶。PCR扩增结束之后，将琼脂糖凝胶置于盛有电泳液的电泳槽中，接着将PCR产物依次上样到琼脂糖凝胶胶孔中，记录好样品的顺序，并上样DNA标准分子标记来评估PCR产物条带大小。电泳开始前注意将胶块调整为与电泳槽平行，然后启动电泳仪，开始电泳。电泳结束后，将胶块置于凝胶扫描成像仪中拍照、存档。

3. PCR扩增

利用验证后的性别特异性引物对早期未性成熟黄颡鱼鳍条的DNA进行特异性PCR扩增，对30个样本分别进行PCR扩增，再用凝胶电泳检测、拍照、存档、分析结果。

【实验报告】

（1）记录黄颡鱼性别特异性引物检测结果。

（2）特异性引物对早期黄颡鱼的性别鉴定及结果分析。

【注意事项】

鱼类的性别决定不仅受到遗传物质的调控，同时也很大程度上受环境因素（温度、pH等）的影响。因此，在早期（性别未分化）基于分子标记的性别鉴定不能区别伪雄鱼/伪雌鱼，只能鉴定遗传性别。

【思考题】

（1）试简述鱼类早期性别分子鉴定的应用及意义。

（2）试归纳目前有多少鱼类的性别分子标记得以鉴定及获得该分子标记的方法。

参 考 文 献

Bao L, Elaswad A, Khalil K, et al. 2019. The Y chromosome sequence of the channel catfish suggests novel sex determination mechanisms in teleost fish. BMC Biology, 17(1): 1-16.

Dan C, Mei J, Wang D, et al. 2013. Genetic differentiation and efficient sex-specific marker development of a pair of Y- and X-linked markers in yellow catfish. International Journal of Biological Sciences, 9(10): 1043.

实验52 基于性别遗传分子标记制备全雌鱼

【实验目的】

（1）了解鱼类性别分子标记的应用及意义。

（2）掌握基于性别分子标记制备全雌鱼的原理。

（3）了解全雌鱼制备的用途及前景。

【实验原理】

鱼的性别决定是多样而复杂的。脊椎动物中揭示的几乎所有性别决定机制，如哺乳动物中的XX/XY雄性异配体系统，鸟类中的雌性异配体ZZ/ZW系统及众多变体（包括XX/XO、XX/XY1Y2、X1X2X1X2/X1X2Y、X1X2X1X2/X1X2X1、ZZ/ZO和ZZ/ZW1W2），在鱼类中都有发现，甚至在鱼类中不同的性别决定系统也可以共存于一些密切相关的物种或一个物种中。

性别特异的分子标记适用于区分性别染色体和性别决定系统。在过去的十多年中，通过使用不同的方法已成功地在一些水产养殖鱼类中鉴定出不同的性别特异性标记。例如，已经在九刺鱼（*Pungitius pungitius*）、半滑舌鳎（*Cynoglossus semilaevis*）、鰤鱼（*Seriola* quinqueradiata）和太平洋大比目鱼（*Hippoglossus stenolepis*）中分离出具有性别特异性的微卫星标记。通过在尖齿胡鲶（*Clarias gariepinus*）、大鳞副泥鳅（*Paramisgurnus dabryanus*）和大菱鲆（*Scophthalmus maximus*）中的随机扩增多态性DNA指纹图谱（RAPD）筛选了性别特异性的DNA序列。尤其是，基于扩增片段长度多态性（AFLP）的方法已被证明是一种有效且有价值的方法，因为它简单、可重复且在整个基因组扫描中都很高，并且已经从包括海水在内的十多种水产养殖鱼类，如鲈（*Dicentrarchus labrax*）、虹鳟（*Oncorhynchus mykiss*）、大西洋鲑（*Salmo salar*）、银鲫（*Carassius auratus gibelio*）、尼罗罗非鱼（*Oreochromis niloticus*）、黄颡鱼（*Pelteobagrus fulvidraco*）等中鉴定出性别特异性标记。随着测序技术的更新，高通量测序技术成为新一代研究性别分子标记的重要手段。

鱼类的性别决定不仅受到遗传物质的影响，同时也受环境因子（温度和pH等）的调控。因此，自然鱼群中会存在一定比例的性反转鱼。另外，在鱼类性腺发育早期合理地投喂相应的性激素也可以获得性反转的鱼。在XX-XY鱼群中，利用已有的分子标记筛选出性反转的雄鱼，再和正常雌鱼自交，从而获得全雌鱼群体。许多水产养殖鱼类在生长速度和体型上，雄性和雌性之间具有明显的性二态性。因此，了解这些鱼类的性别决定机制非常重要，对于利用性别操纵生物技术从而发展性别控制育种非常有用。

本实验以红鲫为研究对象，其性别决定系统为XX-XY。红鲫的性别决定受到环境和温度的共同影响，自然情况下有部分伪雄鱼。在性腺发育早期适当提高饲养温度，可以大幅度提高性反转率。另外，利用现有的红鲫特异性引物筛选出伪雄鱼，再和正常的雌鱼自交，可制备出全雌红鲫群体。

红鲫两对雄性特异性（Marker 1、Marker 2）引物及一对阳性对照引物序列见表52-1。

表52-1 红鲫两对雄性特异性及一对阳性对照引物

引物名称	序列（5′→3′）	PCR产物/bp
Marker1	正向：AATACAACATTCCCAGGGAGTGCA	1169
	反向：CATCAAGGGCTATCTGACCAAGA	
Marker2	正向：GTGCTCAATAGACGACGGATTCTC	1189
	反向：GTCTGTCTGTTAGCCTGTTCTCCA	
阳性对照	正向：AAGAGCGCCTCCTAGTGTTT	994
	反向：GAGACGGAGGAGTGGTATCG	

【实验用品】

1. 材料

性成熟红鲫的DNA。

2. 仪器和用具

净水孵化装置、光学显微镜、PCR仪、电泳装置、微量离心机、微量移液器、紫外线观察装置及凝胶扫描成像仪、5.0mL或者2.5mL无菌注射器、羽毛、毛巾、记号笔等。

3. 试剂

促黄体素释放激素类似物（LRH-A）、人绒毛膜促性腺激素（HCG）、引物、dNTP混合物、*Taq* DNA聚合酶、PCR缓冲液、电泳所需试剂等。

【实验步骤】

1. 前期准备

选取性成熟和发育良好的50条雌性红鲫和10条雄性红鲫；向生物公司订购性别特异性和阳性对照引物。

2. 选鱼

剪取每条红鲫的鳍条，并分别做好标记。快速提取DNA，用性别特异性引物进行PCR扩增，筛选出没有扩增出条带的雄红鲫（即性反转红鲫）和雌红鲫。

PCR扩增的条件如下。

（1）PCR反应系统：

10×PCR 缓冲液	2μL
25mmol/L dNTP 混合物	0.4μL
5U/μL *Taq* DNA聚合酶	0.1μL
10μmol/L 引物	0.5μL
50ng/μL gDNA	1μL
ddH$_2$O	16μL
总体积	20μL

（2）PCR反应程序：94℃预变性5min；94℃变性30s，58℃退火30s，72℃延伸1min，30个循环；72℃终延伸10min；最后在12℃保存。

（3）凝胶检测与结果拍照：操作方法同实验51。

3. 催产

水温控制在24℃左右，将促黄体素释放激素类似物（LRH-A）与人绒毛膜促性腺激素（HCG）的混合催产剂注射到雌性和雄性红鲫胸腔中，根据实验鱼的质量大小调整催产药用量。促黄体素释放激素类似物的用量为6～12μg/kg，人绒毛膜促性腺激素的用量为400～800IU/kg；先注射雌红鲫，4～5h后再注射雄红鲫，雄红鲫的注射剂量减半；注射完毕后将雌雄红鲫放入同一产卵缸中，开流水刺激，在催产药效应时间来临的前一小时，停止注水，让鱼在静水中"追尾"待产。注射时优选采用胸鳍基部无鳞处腹腔一针注射法，以提高亲鱼的存活率。

4. 授精孵化

在药效来临期，仔细观察鱼的追尾情况并及时检查雌鱼产卵情况，挑选产卵顺利的雌红鲫，与雄红鲫进行人工授精（注意：用干净毛巾擦拭亲鱼表面的水分），用羽毛均匀搅动卵子与精液使其混合，然后加水受精，将受精卵置于水温为20～21℃的净水孵化装置中流水孵化。

5. 饲养

在条件允许的情况下，将饲养温度控制在20℃左右（减少性反转的比例），受精后三个月适当提高温度到24～28℃以提高生长速度。

【实验报告】

（1）记录红鲫的性别分子鉴定结果及性反转红鲫的比例。

（2）观察和统计全雌鱼后代的雌雄比例并分析原因。

【注意事项】

红鲫不仅是重要的观赏鱼，也是模式动物，许多实验室长期的近亲繁殖与饲养可能导致其性染色体变异，从而使得该性别特异性引物无法对特定品系的性别进行区分，故而建议使用较为原始的红鲫作为实验材料。

【思考题】

（1）比较雌核发育方法与性别分子标记方法在方法和原理上的区别。

（2）试述全雌鱼群体在生产和科学研究中的意义与应用。

参 考 文 献

Gui J F, Li X Y, Pan Z J, et al. 2015. Identification of sex-specific markers reveals male heterogametic sex determination in *Pseudobagrus ussuriensis*. Marine Biotechnology, 17(4): 441-451.

Wen M, Feron R, Pan Q W, et al. 2020. Sex chromosome and sex locus characterization in goldfish, *Carassius auratus* (Linnaeus, 1758). BMC Genomics, 21(1): 1-12.

第六篇

鱼类转基因及基因编辑技术

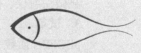
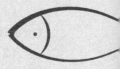

第十二章　鱼类转基因技术

实验53　心血管标记转基因斑马鱼的制备及胚胎发育观察

【实验目的】

（1）了解心血管标记转基因斑马鱼的制备原理及过程。

（2）观察心血管标记转基因斑马鱼的胚胎发育过程，了解斑马鱼心血管早期发育规律。

【实验原理】

kinase insert domain receptor like（*kdrl*，原名*flk1*）是经典的心血管特异性表达基因，通过构建*kdrl*启动子调控荧光蛋白基因，可以使心血管系统特异性表达特定的荧光蛋白，达到标记心血管系统的目的。

【实验用品】

1. 材料

斑马鱼、斑马鱼基因组。

2. 仪器和用具

显微注射仪、体视荧光显微镜、繁殖缸、捞网、培养皿等。

3. 试剂

pEGFP-1质粒、KOD-FX高保真扩增酶、0.016%的Tricaine等。

【实验步骤】

1. 转基因斑马鱼［Tg（*kdrl*：*EGFP*）］制备

（1）*kdrl*启动子扩增：使用KOD-FX高保真扩增酶将*kdrl*上游约6.5kb的启动子片段（−6410～−3bp）扩增出来。

（2）转基因质粒构建：将约6.5kb的*kdrl*启动子片段克隆至pEGFP-1质粒载体上。

（3）转基因质粒注射：用限制性内切酶*Bgl* II线性化重组质粒，并按照50～100ng/μL的浓度注射到一细胞期的斑马鱼胚胎中。

（4）转基因品系建立：从注射的胚胎中筛选有绿色荧光表达的胚胎，培育至性成熟，经交配传代，得到心血管特异性表达绿色荧光的斑马鱼品系。

2. 转基因斑马鱼［Tg（*kdrl*：*EGFP*）］的胚胎发育观察

（1）催产：前一天晚上将心血管标记转基因斑马鱼亲本两两配对置于繁殖缸中。

（2）收集胚胎：在第二天早上收集胚胎，并置于培养皿中进行培养。

（3）胚胎麻醉：当培养至48～72h后，胚胎破膜而出，用0.016%的Tricaine麻醉胚胎。

（4）显微镜下观察：将麻醉后的胚胎置于体视荧光显微镜下观察（图53-1）。

图53-1　Tg（*kdrl*：*EGFP*）斑马鱼心血管系统表达绿色荧光（Liao et al.，1997）

【实验报告】

（1）描绘Tg（*kdrl*：*EGFP*）质粒图谱。

（2）描绘斑马鱼心血管系统。

【注意事项】

（1）*kdrl*启动子扩增需用扩增长片段的高保真酶。

（2）构建成功的转基因质粒需经测序确定序列无误后方能使用。

【思考题】

为什么上述转基因品系的绿色荧光蛋白能够特异性地在心血管系统表达？

参 考 文 献

Jin S W, Beis D, Mitchell T, et al. 2005. Cellular and molecular analyses of vascular tube and lumen formation in zebrafish. Development, 132(23): 5199-5209.

Liao W, Bisgrove B W, Sawyer H, et al. 1997. The zebrafish gene cloche acts upstream of a *flk-1* homologue to regulate endothelial cell differentiation. Development, 124(2): 381-389.

实验54　肝胰双标记转基因斑马鱼的制备及胚胎发育观察

【实验目的】

（1）了解肝胰双标记转基因鱼的制备原理。

（2）观察肝胰双标记转基因鱼的胚胎发育过程，了解斑马鱼肝和胰的早期发育规律。

【实验原理】

采用斑马鱼肝脂肪酸结合蛋白（fatty acid binding protein 10a, fabp10a）的启动子序

列驱动红色荧光蛋白在肝中表达，同时串联有胰腺弹性蛋白酶3（elastase 3 like，ela3l）的启动子驱动绿色荧光蛋白在胰腺中表达，可以构建肝胰双标记斑马鱼品系。

【实验用品】

1. 材料

斑马鱼、斑马鱼基因组。

2. 仪器和用具

显微注射仪、体视荧光显微镜等。

3. 试剂

pEGFP-1质粒、pDsRed-Express-1质粒、KOD-FX高保真扩增酶、0.016%的Tricaine等。

【实验步骤】

1. 转基因斑马鱼［Tg（*fabp10a*：*dsRed*；*ela3l*：*EGFP*）］制备

（1）标记肝转基因质粒构建：使用KOD-FX高保真扩增酶将*fabp10a*基因的特异性启动子扩增出来（5′端2.8kb），克隆到pDsRed-Express-1质粒载体上。

（2）标记胰转基因质粒构建：使用KOD-FX高保真扩增酶将*ela3l*基因的特异性启动子扩增出来（5′端1.9kb），克隆到pEGFP-1质粒载体上。

（3）将两种重组质粒线性化后混合起来进行共注射，使每种质粒的终浓度为100ng/μL。

（4）筛选两种质粒均有表达的F_0胚胎进行培育，至性成熟后进行交配传代，形成肝表达红色荧光、胰表达绿色荧光的双标记转基因斑马鱼。

2. 转基因斑马鱼［Tg（*fabp10a*：*dsRed*；*ela3l*：*EGFP*）］胚胎发育观察

（1）催产：前一天晚上将肝胰双标记转基因斑马鱼亲本两两配对置于繁殖缸中。

（2）收集胚胎：于第二天早上收集胚胎，并将其置于培养皿中进行培养。

（3）胚胎麻醉：当培养至48～72h后，胚胎破膜而出，用0.016%的Tricaine麻醉胚胎。

（4）显微镜下观察：将麻醉后的胚胎置于体视荧光显微镜下观察（图54-1）。

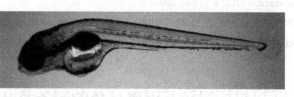

图54-1　双标转基因斑马鱼肝和胰分别表达红色和绿色荧光（Korzh et al.，2008）

【实验报告】

描绘肝胰双标记转基因斑马鱼的肝胰形态。

【注意事项】

（1）两种转基因质粒注射前进行混合，此前需保持无交叉污染。

（2）将构成的转基因质粒测序以确认序列无误。

【思考题】

双标记转基因斑马鱼与单标记转基因斑马鱼的制备过程有何异同？

参 考 文 献

Korzh S, Pan X, Garcia-Lecea M, et al. 2008. Requirement of vasculogenesis and blood circulation in late stages of liver growth in zebrafish. BMC Dev Biol, 8: 84.

实验55 *igf*转基因鲫制备及不同阶段的表型观察

【实验目的】

（1）了解*igf*（*insulin-like growth factor 1*）转基因鲫的制备原理及过程。

（2）观察*igf*转基因鲫早期和成年期的表型。

【实验原理】

mylz2（*myosin light chain 2*）启动子是特异性的骨骼肌启动子，通过其驱动*igf*和绿色荧光蛋白（*egfp*）基因，可以使骨骼肌同时高表达IGF和绿色荧光蛋白。

【实验用品】

1. 材料

鲫基因组、鲫肝组织cDNA。

2. 仪器和用具

显微注射仪、体视荧光显微镜等。

3. 试剂

pIRES2-EGFP质粒、pEGFP-N1质粒、促黄体素释放激素类似物（LRH-A）、人绒毛膜促性腺激素（HCG）、0.016%的Tricaine等。

【实验步骤】

1. *igf*转基因鲫的制备

（1）*mylz2*启动子扩增：从鲫基因组中扩增出*mylz2*基因的特异性启动子片段，大小约为2kb，包括转录起始位点－1934～＋43bp的序列。

（2）*igf*基因CDS序列扩增：从鲫肝组织cDNA中扩增出*igf*基因完整的CDS序列。

（3）内部核糖体进入位点（IRES）序列扩增：以pIRES2-EGFP质粒为模板，扩增出IRES序列。

（4）基因质粒构建：将*mylz2*启动子、*igf*基因的CDS和IRES序列串联克隆到pEGFP-N1质粒上。

（5）显微注射：将重组质粒和 *Sce* I 内切酶共注射到一或二细胞期的鲫胚胎中，质粒注射终浓度为100ng/μL， *Sce* I 内切酶注射终浓度为20ng/μL。

（6）阳性胚胎筛选及转基因品系建立：经注射胚胎表达绿色荧光者为阳性胚胎，将其筛选出来并培育至性成熟，交配传代形成转基因品系。

2. *igf*转基因胚胎及成鱼表型观察

（1）观察：肉眼观察*igf*转基因鲫和对照鲫亲本的外形特征（图55-1）。

图55-1 10月龄对照（Con）和*igf*转基因（Tg）鲫的外观（Li et al.，2014）

（2）催产：为雌性鲫注射促黄体素释放激素类似物（LRH-A，6～12μg/kg）与人绒毛膜促性腺激素（HCG，400～1000IU/kg）的混合催产剂进行催产，雄性鲫的注射剂量减半。注射完毕后将母本亲鱼、父本亲鱼放入同一产卵缸中，开流水刺激其性腺发育，在催产药效应时间来临的前一小时，停止注水，让鱼在静水中"追尾"待产。

（3）人工授精：当鲫产生追尾现象后，将相同基因型的鲫进行人工授精，将胚胎铺开在培养皿中。

（4）镜检：受精后72h，胚胎破膜而出，将胚胎置于0.016%的Tricaine中麻醉，转至体视荧光显微镜下观察（图55-2）。

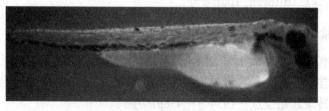

图55-2 *igf*转基因鲫胚胎背部肌纤维表达绿色荧光（Li et al.，2014）

【实验报告】

（1）描绘*igf*和对照成年鲫的形态。

（2）描绘*igf*转基因鱼的胚胎荧光特征。

【注意事项】

igf 转基因质粒同时串联了 *igf* 和 *egfp* 两个基因，构建质粒时需要保证两个基因在同一个可读框中。

【思考题】

igf 转基因鲫与前面实验中的转基因斑马鱼本质上有何不同？

参 考 文 献

Li D, Lou Q, Zhai G, et al. 2014. Hyperplasia and cellularity changes in IGF-1-overexpressing skeletal muscle of crucian carp. Endocrinology, 155 (6): 2199-2212.

实验56　日本白鲫酪氨酸酶基因敲除效率检测及表型观察

【实验目的】

（1）通过CRISPR/Cas9技术构建鱼类酪氨酸酶（*tyr*）基因敲除个体。

（2）检测鱼类*tyr*基因敲除效率。

（3）观察鱼类*tyr*敲除后的表型变化。

【实验原理】

1987年，日本科学家首次在大肠杆菌的碱性磷酸酶基因附近发现了串联间隔重复序列，这种间隔重复序列广泛存在于细菌和古菌中，人们把它命名为规律性重复短回文序列簇（clustered regularly interspaced short palindromic repeat，CRISPR）。CRISPR由短的高度保守的重复序列组成，长21~48bp，具有回文序列，可形成发卡结构。重复序列被26~72bp的间隔序列隔开，间隔序列的长度与细菌种类和CRISPR位点有关。通常在邻近CRISPR的区域还包含一组保守的蛋白质编码基因，被称为*Cas*（*CRISPR-associated*）基因，具有与核糖核酸结合的功能，其编码的蛋白质包括核酸酶、聚合酶、解旋酶。这些Cas蛋白与CRISPR转录出的RNA结合形成核糖核蛋白复合物，在原核生物中发挥着获得性免疫功能，使宿主获得抵抗噬菌体、质粒等外来DNA入侵的免疫能力。

CRISPR系统大致可分为3类，其中Ⅰ型及Ⅲ型CRISPR系统由复杂的Cas复合物介导DNA或RNA的降解，Ⅱ型最为简单。Ⅱ型CRISPR系统广泛用于基因组编辑，首先在酿脓链球菌（*Streptococcus pyogenes*）中被发现，由Cas9和两个非编码RNA，即tracrRNA（反式激活crRNA）与crRNA组成，3个元件即可使外源DNA片段靶向降解。根据tracrRNA与crRNA的作用机制，生物学家优化了Ⅱ型CRISPR/Cas系统，将tracrRNA和crRNA融合为嵌合的向导RNA（guide RNA，gRNA），并通过体外体内实验证明了gRNA可发挥tracrRNA和crRNA的功能。Cas9蛋白与gRNA结合形成RNA-蛋白质复合体，共同实现识别并切割DNA靶序列的功能，其中Cas9蛋白作为核酸酶切割双链DNA，而gRNA则通过碱基互补配对决定靶序列的特异性。

【实验用品】

1. 材料

日本白鲫一细胞期胚胎。

2. 仪器和用具

PCR仪、离心机、显微注射仪、光学显微镜、移液器、培养皿等。

3. 试剂

pXT7-hCas9质粒、DR274质粒、*Taq* DNA聚合酶、限制性内切核酸酶*Xba* I、全能核酸内切酶、T7 RNA高效合成试剂盒、T7 mRNA体外转录试剂盒、RNA纯化试剂盒、DEPC水等。

【实验步骤】

1. 靶片段的设计

使用ZiFiT网站设计目的基因的靶点，设计靶点应注意以下几点。

（1）gRNA靶点序列的长度一般为18～22bp。

（2）gRNA的序列应该避免连续4个T。

（3）靶片段倒数第四个碱基最好为G。

（4）靶片段中18～22bp为目的基因的特异序列。

2. gRNA与Cas9 mRNA的制备

以含有T7启动子、靶序列和gRNA前20bp的序列为正向引物，以gRNA序列的后20bp为反向引物，以DR274质粒为模板，扩增出包含靶点和gRNA序列的片段，将该片段纯化回收作为gRNA合成的模板。分别利用T7 RNA高效合成试剂盒和T7 mRNA体外转录试剂盒将上步回收的模板和经*Xba* I线性化的pXT7-hCas9质粒合成gRNA和Cas9 mRNA。合成后的gRNA和Cas9 mRNA经试剂盒纯化后测得浓度并于−80℃条件下保存。相关实验步骤如下。

1）PCR扩增

无核酸酶水	15μL
正向引物	1μL
反向引物	1μL
10×缓冲液	2μL
Taq DNA聚合酶	1μL
总体积	20μL

PCR反应程序为：94℃预变性5min；94℃变性30s，55℃退火30s，72℃延伸5min，30个循环；72℃终延伸10min；最后在4℃保存。

2）酶切步骤

无核酸酶水	15μL
10×缓冲液 G	2μL
pXT 7-hCas9质粒	2μL
Xba I	1μL
总体积	20μL

37℃水浴30min。

3）Cas9体外转录步骤

（1）将RNA聚合酶混合液放在冰上解冻，旋涡振荡10×T7反应缓冲液和T7 2×

NTP混合物/抗反向帽类似物直到完全溶解，待溶解后，将T7 2×NTP混合物/抗反向帽类似物放置于冰上，但要将10×T7反应缓冲液放置在室温条件下。

（2）室温下装配试剂，所有反应均在冰上进行。

T7 2×NTP混合物/抗反向帽类似物	10μL
10×T7反应缓冲液	2μL
线性模板DNA	1μg
T7酶混合液	2μL
无核酸酶水	至20μL

（3）充分混匀后，37℃温育2h。

（4）加入1μL全能核酸内切酶，混匀，于37℃条件下放置15min。

4）gRNA体外转录步骤

（1）将RNA聚合酶混合液放在冰上解冻，旋涡振荡10×T7转录缓冲液和核糖核酸酶溶液直到完全溶解，待溶解后，将核糖核酸酶溶液放置于冰上，但要将10×T7转录缓冲液放置在室温条件下。

（2）室温下装配所有试剂。

DNA模板	1μg
10×转录缓冲液	2μL
10mmol/L ATP	1μL
10mmol/L CTP	1μL
10mmol/L GTP	1μL
10mmol/L UTP	1μL
T7酶混合液	2μL
无核酸酶水	至20μL

（3）充分混匀后，于37℃条件下温育1.5h。

（4）加入1μL全能核酸内切酶，混匀，于37℃条件下放置15min。

5）RNA纯化步骤

（1）量取样品体积，用DEPC水定容至100μL。

（2）加350μL QVL裂解缓冲液旋涡振荡RNA（≤2μg）15s，应加入2μL线性丙烯酰胺。

（3）加250μL无水乙醇混匀振荡。

（4）将混合液移到吸附柱10 000g离心30s。

（5）加500μL RWB洗涤缓冲液10 000g离心30s。

（6）重复上一步。

（7）加15~30μL DEPC水静置后离心。

3. 日本白鲫胚胎的显微注射

通过自交的繁殖方式得到日本白鲫的胚胎。将上一步制备好的gRNA和Cas9 mRNA混合到一起，在实验鱼的受精卵发育大概15min时将混合液通过显微注射的方式注射到实验鱼的一细胞期胚胎中。注射的浓度为Cas9 mRNA 300ng/μL、gRNA 30ng/μL。经过注射的受精卵放在19~22℃的水中孵育。待幼苗腹部出现腰点时将其放入池塘中进行饲养。

4. 突变效率的检测

经显微注射后的实验鱼长到2月龄时用来取材，选取实验鱼的尾鳍组织提取总DNA，在靶片段前后300bp左右设计引物，克隆、测序。分别选取5条日本白鲫突变体来计算突变效率，每条实验鱼选取50个克隆进行测序。突变效率=发生突变的克隆个数/50×100%。

5. 尾鳍及皮肤组织的显微观察

快速选取突变体日本白鲫和野生型日本白鲫的皮肤与尾鳍组织，用盐酸缓冲液清洗后，马上放置在光学显微镜下观察并拍照，观察并比较黑色素含量的差异。

【实验报告】

（1）选取的5条日本白鲫 *tyr* 敲除突变体的敲除效率分别是多少？

（2）*tyr* 敲除后的日本白鲫与野生型日本白鲫相比，其表型有何变化？

【注意事项】

（1）gRNA体外转录加样时注意10×T7转录缓冲液应在无核酸酶水（DEPC水）和DNA模板之后加。

（2）在显微注射过程中，由于鲫的受精卵发育到后期时卵膜会变硬，这样往往会导致断针的现象，可以通过将受精卵放置到4℃冰箱中减缓其发育。也可以通过现取现用的方式，控制每次受精卵的数量，待注射后再进行受精。

【思考题】

（1）该实验中突变效率的高低与哪些因素有关？

（2）突变个体的表型变化说明 *tyr* 基因具有什么功能？

参 考 文 献

Jao L E, Wente S R, Chen W. 2013. Efficient multiplex biallelic zebrafish genome editing using a CRISPR nuclease system. Proceedings of the National Academy of Sciences, 110: 13904-13909.

Liu Q, Qi Y, Liang Q, et al. 2019. Targeted disruption of tyrosinase causes melanin reduction in *Carassius auratus* cuvieri and its hybrid progeny. Science China Life Sciences, 62: 1194-1202.

第七篇

鱼类品质性状检测

第十四章　鱼肉品质检测

实验57　鱼肉水分的测定

【实验目的】

掌握直接干燥测定鱼肉水分的基本方法。

【实验原理】

利用鱼肉在101.3kPa（一个大气压）、101～105℃条件下会失去外界附着水分、部分结晶水及该条件下会挥发的物质的物理性质，通过干燥前后样品的质量来计算水分的含量。

【实验用品】

1. 材料

鱼肉样品。

2. 仪器和用具

铝制或玻璃制的扁形称量瓶、恒温干燥箱、干燥器、分析天平等。

【实验步骤】

1. 恒重称量瓶

取洁净铝制或玻璃制的扁形称量瓶，置于101～105℃恒温干燥箱中干燥1h，然后将其置于干燥器内冷却30min，用分析天平称重并记录，重复干燥至前后两次质量差不超过2mg，即恒重。

2. 称取试样

将混合均匀的鱼肉尽可能切碎，使用分析天平准确称取2～10g鱼肉（精确至0.0001g），放入恒重的称量瓶中，尽量平铺，不要堆叠，加盖后准确称量。

3. 干燥至恒重

将上述带鱼肉的称量瓶置于101～105℃恒温干燥箱中干燥2～4h后，盖好盖子取出，放入干燥器内冷却30min后进行称重。再放入101～105℃恒温干燥箱中干燥1h左右，取出，放入干燥器内冷却30min后再用分析天平称重。重复以上操作至前后两次质量差不超过2mg，即恒重。记录恒重时的质量。

4. 计算

试样中的水分含量按下列公式计算。

$$X=\frac{m_1-m_2}{m_1-m_3}\times100$$

式中，X为试样中水分的含量，单位为g/100g；m_1为试样和称量瓶干燥前的质量，单位为g；m_2为试样和称量瓶干燥后的质量，单位为g；m_3为称量瓶的质量，单位为g；100为单位换算系数。

水分含量大于等于1g/100g时，计算结果保留三位有效数字；水分含量小于1g/100g时，计算结果保留两位有效数字。

【实验报告】

计算不同部位鱼肉中的水分含量。

【注意事项】

（1）请务必等待样品冷却后再进行称量。

（2）干燥器内请保持足够量的干燥剂。

（3）称量时分析天平内也要放置干燥剂（用小烧杯装干燥剂），以防称量时样品吸水导致结果不准。

（4）保持干燥和称量环境的清洁，以防粘上污物影响结果。

【思考题】

干燥至恒重的计算最少需要称重几次？

参 考 文 献

国家卫生和计划生育委员会．2016．GB 5009.3—2016．食品中水分的测定．

实验58　鱼肉脂肪的测定

【实验目的】

掌握氯仿甲醇法测定鱼肉粗脂肪的基本方法。

【实验原理】

将样品分散于氯仿-甲醇混合液中，氯仿-甲醇及样品中的一部分水形成提取脂质的溶剂，使样品中结合态脂类游离出来并增大磷脂等极性脂类的亲和性，从而有效提取出全部脂类，经过滤除去样品中非脂成分，回收溶剂，蒸干溶剂后定量。

【实验用品】

1. 材料

鱼肉样品。

2. 仪器和用具

氮吹仪、离心机、电热恒温干燥箱、干燥器、分析天平等。

3. 试剂

（1）氮气。

（2）氯仿-甲醇混合液：按照氯仿：甲醇＝2：1的比例配制，配制好的氯仿：甲醇混合液应当存放在棕色玻璃瓶中以达到避光的目的。

（3）1.6% $CaCl_2$溶液。

【实验步骤】

（1）称取试样：用分析天平准确称取冻干样品0.1g左右（新鲜样品1g左右）放入离心管A中，记好质量m_0和对应的试管编号。

（2）提取：每管加入氯仿-甲醇混合液4mL，摇匀后盖上盖子，浸泡24h以上，可以摇动混合。

（3）恒重离心管：恒重离心管B，要求两次误差不得超过0.0008g，记好编号与对应的质量。

（4）在离心管A中将氯仿-甲醇混合液加至6mL，300g离心5min，用微量移液器将上清液转入离心管B。在残渣中加入2mL氯仿-甲醇混合液，离心，将上清液转入离心管B，并将同一样品的两支离心管编号对应记录好。

（5）在离心管B中加入1.2mL 1.6%的$CaCl_2$溶液，摇匀后盖上盖子静置过夜。

（6）用胶头滴管小心弃去上层液，将下层液用氮气吹干，并于75℃电热恒温干燥箱烘至恒重。要求两次误差不得超过0.001g，记录好质量m_2。

（7）计算：试样中的粗脂肪含量按下列公式计算。

$$X=\frac{m_2-m_1}{m_0}\times100$$

式中，X为试样中脂肪的含量，单位为g/100g；m_2为恒重后离心管和脂肪的含量，单位为g；m_1为离心管的质量，单位为g；m_0为试样的质量，单位为g；100为单位换算系数。

【实验报告】

计算不同样品中脂肪含量。

【注意事项】

（1）由于鱼类肌肉所含脂肪较少，故操作时一定要恒重好离心管B的质量。

（2）氯仿-甲醇挥发对人体有毒害作用，务必在通风橱或者通风的地方进行操作，不要在密闭空间进行，以免对身体造成伤害。

【思考题】

（1）索式抽提法与本实验中用到的氯仿-甲醇抽提法都可以用来测定粗脂肪，请问二者有什么异同？

（2）氯仿-甲醇抽提法与其他粗脂肪测定方法相比有何优点？

参 考 文 献

吴鸿敏，王文特，任雪梅，等. 2020. 氯仿-甲醇法和酸水解法测定禽蛋中脂肪的方法比较. 食品安全质量检测学报，11（20）：7472-7475.

实验59　鱼肉脂肪酸的测定

【实验目的】

（1）掌握鱼肉脂肪酸测定的前处理方法。

（2）了解气相色谱质谱联用仪的基本使用方法。

【实验原理】

在三氟化硼的催化下，游离脂肪进行甘油酯的皂化和游离脂肪酸的甲酯化，采用气相色谱质谱联用仪进行分析，通过外标法测定其组成。

【实验用品】

1. 材料

鱼肉样品。

2. 仪器和用具

水浴锅、分析天平、恒温干燥箱、气相色谱质谱联用仪、0.45μm滤膜、涡旋振荡仪等。

3. 试剂

（1）氢氧化钠甲醇溶液（2%）：将2g氢氧化钠溶于100mL纯度大于99.5%的甲醇中。该溶液存放时间较长时，可能形成少量白色的碳酸钠沉淀，但不会影响甲酯的制备。

（2）三级水、95%乙醇、盐酸、焦性没食子酸、乙醚、石油醚、12%～15%的三氟化硼甲醇溶液、正己烷、脂肪酸混合标准品等。

除另有说明外，本方法提到的所有试剂均为分析纯。

【实验步骤】

1. 试样的水解

用分析天平准确称取均匀试样适量（1g左右）置于烧瓶中，加入约100mg焦性没食子酸，再加入几粒沸石，然后加入2mL 95%乙醇，混合均匀。再加入10mL盐酸溶液，混合均匀。将烧瓶放入70～80℃水浴中水解40min。每隔10min振荡一下烧瓶，使黏附在烧瓶壁上的颗粒物混入溶液中。水解完成后，取出烧瓶冷却至室温。

2. 脂肪的提取

在水解后的试样中加入10mL 95%乙醇溶液，混合均匀。将烧瓶中的水解液转移到分液漏斗中，用50mL乙醚石油醚混合液（等体积混合）冲洗烧瓶和塞子，冲洗液并入分液漏斗中，加盖。振荡5min，静置10min。将醚层提取液收集到250mL烧瓶中。按照以上步骤重复提取水解液3次，最后用乙醚石油醚混合液（等体积混合）冲洗分液漏斗，并将冲洗液收集到已恒重的烧瓶中，将烧瓶置水浴锅中蒸干，放入（100±5）℃恒温干燥箱中干燥2h。

3. 脂肪的皂化和脂肪酸的甲酯化

在脂肪提取物中加入2mL 2%氢氧化钠甲醇溶液，85℃水浴30min，加入3mL 14%三氟化硼甲醇溶液，于85℃水浴锅中水浴30min。水浴完成后，冷却至室温，在离心管中加入1mL正己烷，用涡旋振荡仪振荡萃取2min后，静置1h，等待分层。用移液器取上层清液100μL，用正己烷定容到1mL，再用0.45μm滤膜过膜后上机测试。

4. 上机条件

采用气相色谱质谱联用仪（色谱柱为30m×0.25mm×0.25μm）对脂肪酸进行测定。采用如下升温程序：起始温度为80℃保持1min，以10℃/min的速率升温至200℃，继续以5℃/min的速率升温至250℃，最后以2℃/min的速率升到270℃，保持3min。进样口温度为290℃；载气流速为1.2mL/min；不分流。质谱条件：离子源温度为280℃；传输线温度为280℃；溶剂延迟时间为5.00min；扫描范围为30～400m/z；离子源为电子轰击离子源（70eV）。

5. 计算

试样中各脂肪酸的含量按下述公式计算。

$$W = \frac{C \times V \times N}{m} \times K$$

式中，W为试样中各脂肪酸的含量，单位为mg/kg；C为试样测定液中脂肪酸甲酯的浓度，单位为mg/L；V为定容体积，单位为mL；K为各脂肪酸甲酯转化为脂肪酸的换算系数，参见表59-1；N为稀释倍数；m为试样的称样质量，单位为g。

表59-1　各脂肪酸种类、检出限及脂肪酸甲酯或脂肪酸甘油三酯转换为脂肪酸的换算系数一览表

序号	脂肪酸名称	结构简式	检出限/（mg/kg）	F_i转换系数	F_i转换系数
1	辛酸	C8:0	0.5	0.9114	0.9192
2	癸酸	C10:0	0.5	0.9247	0.9314
3	十一碳酸	C11:0	0.5	0.9300	0.9363
4	月桂酸	C12:0	0.5	0.9346	0.9405
5	十三碳酸	C13:0	0.5	0.9386	0.9442
6	肉豆蔻酸	C14:0	0.5	0.9421	0.9473
7	肉豆蔻油酸	C14:1n5	0.5	0.9417	0.9470
8	十五碳酸	C15:0	0.5	0.9453	0.9502
9	十五碳一烯酸	C15:1n5	0.5	0.9449	0.9499
10	棕榈酸	C16:0	0.5	0.9481	0.9529
11	棕榈油酸	C16:1n7	0.5	0.9477	0.9525
12	十七碳酸	C17:0	0.5	0.9507	0.9552
13	十七碳一烯酸	C17:1n7	0.5	0.9503	0.9549

续表

序号	脂肪酸名称	结构简式	检出限/（mg/kg）	F_i 转换系数	F_t 转换系数
14	硬脂酸	C18:0	0.5	0.9530	0.9573
15	反式油酸	C18:1n9t	0.5	0.9527	0.9570
16	油酸	C18:1n9c	0.5	0.9527	0.9571
17	反式亚油酸	C18:2n6t	0.5	0.9524	0.9568
18	亚油酸	C18:2n6c	0.5	0.9524	0.9568
19	花生酸	C20:0	0.5	0.9570	0.9609
20	γ-亚麻酸	C18:3n6	0.5	0.9520	0.9559
21	二十碳一烯酸	C20:1	0.5	0.9568	0.9608
22	α-亚麻酸	C18:3n3	0.5	0.9520	0.9560
23	二十一碳酸	C21:0	0.5	0.9588	0.9628
24	二十碳二烯酸	C20:2	0.5	0.9565	0.9605
25	二十二碳酸	C22:0	0.5	0.9604	0.9642
26	二十碳三烯酸	C20:3n6	0.5	0.9562	0.9598
27	芥酸	C22:1n9	0.5	0.9602	0.9639
28	二十碳三烯酸	C20:3n3	0.5	0.9562	0.9598
29	花生四烯酸	C20:4n6	0.5	0.9560	0.9597
30	二十三碳酸	C23:0	0.5	0.9620	0.9658
31	二十二碳二烯酸	C22:2n6	0.5	0.9600	0.9638
32	二十四碳酸	C24:0	0.5	0.9963	1.0002
33	二十碳五烯酸	C20:5n3	1.0	0.9557	0.9592
34	二十四碳一烯酸	C24:1n9	1.0	0.9632	0.9666
35	二十二碳六烯酸甲酯	C22:6n3	1.0	0.9590	0.9624

注：F_i 是脂肪酸甲酯转换成脂肪酸的系数；F_t 是脂肪酸甘油三酯转换成脂肪酸的系数

【实验报告】

计算样品中各脂肪酸占总脂肪酸的比例。

【注意事项】

（1）三氟化硼有毒，应在通风橱里进行操作，玻璃仪器用后应立即用水冲洗。

（2）吸入乙醚、石油醚对人体有毒害作用，请在通风橱中进行操作。

（3）盐酸和氢氧化钠分别为强酸强碱，配制时请戴好手套和护具，以防受伤。

【思考题】

鱼肉与哺乳类动物脂肪酸组成有何差异？

参 考 文 献

国家卫生和计划生育委员会，国家食品药品监督管理总局. 2016. GB 5009.168—2016. 食品中脂肪
   酸的测定.

实验60　鱼肉蛋白质的测定

【实验目的】

掌握自动凯氏定氮仪测定鱼肉中粗蛋白的基本方法。

【实验原理】

在催化加热条件下，食品中的蛋白质被分解，产生的氨与硫酸结合形成硫酸铵。加碱蒸馏使氨游离，用硼酸吸收后以盐酸标准滴定溶液滴定，根据酸的消耗量计算样品中的氮含量，再乘以换算系数，即样品中蛋白质含量。

【实验用品】

1. 材料

鱼肉样品。

2. 仪器和用具

全自动凯氏定氮仪、分析天平、消化炉、消化管等。

3. 试剂

（1）硼酸溶液（20g/L）：称取20g硼酸，加水溶解后稀释定容至1000mL。

（2）氢氧化钠溶液（400g/L）：称取40g氢氧化钠，加水溶解后冷却至室温，加水稀释至100mL。

（3）盐酸标准滴定溶液（0.100mol/L）：量取8.3mL HCl加双蒸水定容至1L。

（4）2%硼酸溶液：称取20g硼酸溶于双蒸水并定容至1L。

（5）甲基红乙醇溶液（1g/L）：称取0.1g甲基红，溶于95%乙醇中，稀释定容至100mL。

（6）溴甲酚绿乙醇溶液（1g/L）：称取0.1g溴甲酚绿，溶于95%乙醇中，稀释定容至100mL。

（7）混合指示剂：按甲基红乙醇溶液：溴甲酚绿乙醇溶液＝1：5配制，现配现用。

（8）硫酸（H_2SO_4）、无水硫酸钾、无水硫酸铜等。

【实验步骤】

1. 称取试样

称取充分混匀的鱼肉试样0.2～2g至消化管中。

2. 消化

在上述消化管中加入0.4g硫酸铜、6g硫酸钾及20mL硫酸置于消化炉进行消化。当消

化炉温度达到420℃之后，继续消化1h，此时消化管中的液体呈绿色透明状，取出冷却至室温后加入50mL双蒸水。

3. 测定

采用全自动凯氏定氮仪（使用前加入氢氧化钠溶液、盐酸及含有混合指示剂的硼酸溶液）进行自动加液、蒸馏、滴定和记录滴定数据。

试样中蛋白质的含量按下式计算。

$$X = \frac{(V_1 - V_2) \times c \times 0.0140}{m \times V_3 / 100} \times F \times 100$$

式中，X为试样中蛋白质的含量，单位为g/100g；V_1为试液消耗盐酸标准滴定溶液的体积，单位为mL；V_2为试剂空白消耗硫酸或盐酸标准滴定溶液的体积，单位为mL；c为硫酸或盐酸标准滴定溶液的浓度，单位为mol/L；0.0140为盐酸（＝0.100mol/L）标准滴定溶液相当的氮的质量，单位为g；m为试样的质量，单位为g；V_3为吸取消化液的体积，单位为mL；F为氮换算为蛋白质的系数，取值6.25；100为换算系数。

蛋白质含量大于等于1g/100g时，结果保留三位有效数字；蛋白质含量小于1g/100g时，结果保留两位有效数字。

注：当只检测样品中氮含量时，不需要乘蛋白质换算系数F。

【实验报告】

计算待测鱼肉样品中蛋白质含量。

【注意事项】

（1）硫酸具有强腐蚀性，操作时务必戴好手套等护具，以防腐蚀皮肤。

（2）稀释氢氧化钠时会放出大量热量及挥发出刺激性气味，请在通风橱中进行，必要时进行散热处理。

（3）0.100mol/L盐酸溶液使用前需要进行标定，标定方法如下（GB/T 601—2016）。

称取0.1~0.2g无水碳酸钠（已在270~300℃马弗炉中烧至恒重）于锥形瓶中，并溶于50mL双蒸水中，加入10滴溴甲酚绿-甲基红指示剂，用配制好的盐酸溶液进行滴定，待溶液由绿色变成暗红色，煮沸2min，冷却后继续滴定至呈暗红色，滴定完成，一式三份。同时做空白实验。

按下式计算盐酸浓度（c）。

$$c = \frac{m \times 1000}{(V_1 - V_2) \times M}$$

式中，m为无水碳酸钠的质量，单位为g；V_1为盐酸溶液的体积，单位为mL；V_2为空白试验消耗盐酸溶液的体积，单位为mL；M为无水碳酸钠的摩尔质量，单位为g/mol。

【思考题】

盐酸标定时变色后为什么要煮沸后再次滴定？

参 考 文 献

国家标准化管理委员会, 国家质量监督检验检疫总局. 2016. GB/T 601—2016. 化学试剂 标准滴定溶液的制备.

中华人民共和国国家卫生和计划生育委员会, 国家食品药品监督管理总局. 2016. GB 5009.5—2016. 食品中蛋白质的测定.

实验61　鱼肉游离氨基酸的测定

【实验目的】

（1）掌握游离氨基酸的前处理方法。

（2）了解用全自动氨基酸分析仪测定鱼类肌肉中游离氨基酸的基本方法。

【实验原理】

氨基酸为两性电解质, 在酸性环境下会形成阳离子。鱼肉中的游离氨基酸经酸溶液萃取后, 经全自动氨基酸分析仪的磺酸型锂离子交换柱分离, 然后与茚三酮混合, 通过加热反应, 伯胺与之生成蓝紫色化合物, 仲胺与之生成黄色化合物。两种衍生物使用波长分别为570nm和440nm的双通道紫外检测器同时进行定性、定量分析测定。

【实验用品】

1. 材料

鱼肉样品。

2. 仪器和用具

全自动氨基酸分析仪、分析天平、高速冷冻离心机、5mL离心管、0.22μm滤膜等。

3. 试剂

磺基水杨酸等。

【实验步骤】

1. 称取试样

准确称取1g鱼肉样品置于5mL离心管中。

2. 水解

加入3mL 10%磺基水杨酸, 充分匀浆后取1.5mL匀浆液, 于4℃条件下13 000r/min离心15min, 取上清液过0.22μm滤膜后上机检测。

3. 上机测定

采用全自动氨基酸分析仪搭载锂离子交换柱对鱼肉中的游离氨基酸进行测定。

【实验报告】

计算鱼肉中游离氨基酸含量。

【注意事项】

冻干样品前需要冷冻。

【思考题】

为什么上清液要过滤膜后才上机检测？

参 考 文 献

许丹丹．2014．大菱鲆幼鱼对不同蛋白源营养感知与应答机制的初步研究．青岛：中国海洋大学博士学位论文．

实验62　鱼肉水解氨基酸的测定

【实验目的】

（1）掌握鱼肉中水解氨基酸的前处理方法。

（2）了解全自动氨基酸分析仪测定鱼类肌肉中水解氨基酸的基本方法。

【实验原理】

将鱼肉中的蛋白质置于6mol/L盐酸中，在110℃条件下会水解成为氨基酸，经全自动氨基酸分析仪的离子交换柱分离，茚三酮柱后衍生化，在440nm波长处测定脯氨酸，在570nm波长处测定其他氨基酸。

【实验用品】

1. 材料

鱼肉样品。

2. 仪器和用具

全自动氨基酸分析仪、恒温干燥箱、0.22μm滤膜、氮吹仪（带水浴功能）、涡旋振荡仪、50mL容量瓶、10mL离心管、水解管等。

3. 试剂

（1）盐酸（6mol/L）：量取500mL盐酸（分析纯）用蒸馏水稀释定容至1L。

（2）0.2mol/L盐酸溶液、缓冲液、茚三酮溶液、氨基酸标准品（按仪器配套购买）等。

【实验步骤】

（1）称取试样：称取冻干后鱼肉约0.025g（使试样的蛋白质质量为10~20mg）放入水解管中。

（2）在水解管中加入10~15mL 6mol/L盐酸溶液，将水解管放入冷冻剂中冷冻3~5min，充氮保护，拧紧瓶盖，将水解管放在（110±1）℃的恒温干燥箱中水解22~24h后取出，冷却至室温。

（3）打开水解管，将水解液过滤至50mL容量瓶中，用少量水多次冲洗水解管，将水洗液移入同一容量瓶内，最后用水定容至刻度，摇匀。

（4）准确吸取1.0mL滤液移至10mL离心管中，于40℃条件下吹氮干燥，用1.0mL 0.2mol/L HCl溶液溶解，振荡混匀后，过0.22μm滤膜后，上机测定。

（5）上机测定：采用全自动氨基酸分析仪搭载钠离子交换柱（4.6mm×60mm，直径5μm）对鱼肉中的水解氨基酸进行测定。

【实验报告】

计算鱼肉中水解氨基酸含量。

【注意事项】

（1）盐酸为强酸，稀释时请戴好手套和护具，以防沾到皮肤上。

（2）6mol/L盐酸放入（110±1）℃恒温干燥箱消化完毕后，请等待温度降至室温再拿出来，以防烫伤或出现意外。

（3）步骤（4）中吹氮干燥后加入0.2mol/L盐酸溶解后应充分混匀，以防有样品留在离心管壁上影响测定结果。

【思考题】

使用该前处理方法时，何种氨基酸不能被检测到？为什么？

参 考 文 献

国家市场监督管理总局，国家标准化管理委员会. 2019. GB/T 18246—2019. 饲料中氨基酸的测定.
许丹丹. 2014. 大菱鲆幼鱼对不同蛋白源营养感知与应答机制的初步研究. 青岛：中国海洋大学博士学位论文.

实验63　鱼肉持水力的测定

【实验目的】

（1）掌握鱼肉持水力测定的基本方法。
（2）了解测定鱼肉持水力对于鱼肉品质评价的意义。

【实验原理】

利用失重法测定鱼肉持水力时，离心后会将肌肉中的脂质和水分甩至滤纸上以得到汁液流失率，50℃恒温干燥后至恒重后水分会蒸发只留下脂质，以此可计算失脂率和失水率。

【实验用品】

1. 材料
鱼肉样品。

2. 仪器和用具
分析天平、冷冻离心机、恒温干燥箱、定性滤纸、干燥皿等。

【实验步骤】

1. 称取试样
准确称取鱼肉样品15g，并放入定性滤纸管里，记录鱼肉质量（m）和干滤纸质量（m_1）。

2. 离心
在10℃条件下离心10min，称取湿滤纸的质量（m_2）。

3. 烘干
将滤纸放入50℃恒温干燥箱中烘干至恒重，放入干燥皿中冷却后记录此时滤纸质量（m_3）。

4. 计算
按下列公式计算。

汁液流失率（%）$=100\times(m_2-m_1)/m$

失水率（%）$=100\times(m_2-m_3)/m$

失脂率（%）$=100\times(m_3-m_1)/m$

式中，m为肌肉样本质量，单位为g；m_1为干滤纸质量，单位为g；m_2为湿滤纸质量，单位为g；m_3为于50℃条件下滤纸干燥后的恒重，单位为g。

【实验报告】

计算肌肉持水力。

【注意事项】

（1）恒重滤纸时一定要冷却至室温后称量，否则会影响测定结果。

（2）恒温干燥箱尽量不要放入其他带水分的物质，以免试样吸水长时间未能烘干导致脂肪氧化，从而影响测定结果。

【思考题】

保存时间对肌肉持水力是否有影响？

参 考 文 献

Gómez-Guillén M C, Montero P, Hurtado O, et al. 2000. Biological characteristics affect the quality of farmed Atlantic salmon and smoked muscle. Journal of Food Science, 65(1): 53-60.

实验64　温度对鱼类孵化的影响

【实验目的】

本实验通过测定不同温度下鱼类孵化率和胚胎发育速率的情况，确定温度耐受范围、适应范围和最佳范围，掌握研究鱼类对温度因子耐受力的基本方法。

【实验原理】

温度是影响鱼卵孵化、生长和发育最为重要的生态因子。适宜的温度有助于提高鱼卵的孵化率和成活率，并降低发育过程中的畸形率。

【实验用品】

1. 材料

实验鱼受精卵（囊胚期）。

2. 仪器和用具

小型水族箱、水浴锅、光学显微镜、烧杯等。

3. 试剂

曝气后的自来水等。

【实验步骤】

（1）用挤压法取得雌鱼的卵子和雄鱼的精液，并进行人工干法授精。

（2）将受精卵移入6个1L的烧杯中，每个烧杯放100粒受精卵，并装水800mL。分别放入15℃、18℃、21℃、24℃、28℃、32℃的水浴锅中孵化。

（3）每天换1/3的水。

（4）每隔12h吸出孵化的仔鱼。实验结束后，统计鱼卵的孵化率，记录早期发育（从受精卵至初孵仔鱼）的形态特征。

【实验报告】

不同温度下鱼类的孵化速度、孵化率和畸形率填入表64-1。

表64-1　不同温度下鱼类的孵化速度、孵化率和畸形率

温度/℃	孵化时间	孵化率	畸形率	温度/℃	孵化时间	孵化率	畸形率
15				24			
18				28			
21				32			

【注意事项】

（1）保持温度的恒定，避免波动。
（2）实验用水为曝气后的自来水。

【思考题】

淡水鱼和海水鱼孵化与发育所需的适应温度是否相同？

参 考 文 献

邓思平，吴天利，王德寿，等. 2000. 温度对南方鲇幼鱼生长与发育的影响. 西南师范大学学报（自
　　然科学版），（6）：674-679.

张晓华，苏锦祥，殷名称. 1999. 不同温度条件对鳜仔鱼摄食和生长发育的影响. 水产学报，（1）：
　　91-94.

周勤，王迎春，苏锦祥. 1998. 温度对黄盖鲽仔鱼生长、发育、摄食及PNR的影响. 中国水产科学，
　　（1）：31-38.

实验65　盐度对鱼类繁殖和受精卵发育的影响

【实验目的】

本实验旨在探明鱼类孵化和发育的盐度适应范围和最适范围，掌握研究鱼类对盐度
耐受力的基本方法。

【实验原理】

盐度是与鱼类生长和繁殖密切相关的环境因素之一。适宜的盐度有助于提高鱼卵的
孵化率和成活率，并降低发育过程中的畸形率。

【实验用品】

1. 材料
实验鱼受精卵（囊胚期）等。

2. 仪器和用具
小型水族箱、水浴锅、分析天平、光学显微镜、烧杯等。

3. 试剂

NaCl、蒸馏水、曝气后的自来水等。

【实验步骤】

（1）用挤压法取得雌鱼的卵子和雄鱼的精液，并进行人工干法授精。

（2）使用NaCl和蒸馏水配制0、10‰、20‰、30‰、40‰盐度的水。

（3）准备5个1L烧杯，每个烧杯放100粒受精卵，分别装有盐度为0、10‰、20‰、30‰、40‰的水800mL。将烧杯置于25℃的恒温水浴锅中孵化。

（4）每天换1/3的水。

（5）每隔12h吸出孵化的仔鱼。实验结束后，统计鱼卵的孵化率。

【实验报告】

不同盐度下鱼类的孵化速度、孵化率和畸形率填入表65-1。

表65-1　不同盐度下鱼类的孵化速度、孵化率和畸形率

盐度/‰	孵化时间	孵化率	畸形率	盐度/‰	孵化时间	孵化率	畸形率
0				30			
10				40			
20							

【注意事项】

（1）保持温度的恒定，避免波动。

（2）实验用水为曝气后的自来水。

【思考题】

淡水鱼和海水鱼孵化与发育所需的最适盐度是否相同？

参 考 文 献

姬广闻. 2003. 盐度对香鱼仔鱼生长和成活率的影响. 淡水渔业，（4）：3-5.

王涵生. 2002. 盐度对真鲷受精卵发育及仔稚鱼生长的影响. 中国水产科学，（1）：33-38.

实验66　重金属胁迫对鱼类孵化率和发育的影响

【实验目的】

通过铜（Cu）、镉（Cd）、锌（Zn）等重金属暴露对鲤或鲫受精卵孵化历时、胚胎孵

化率、初孵仔鱼质量和数量进行研究，掌握重金属等污染物对鱼类毒性实验的基本方法，了解不同重金属胁迫对鱼类发育的影响。

【实验原理】

随着工业废水和城市生活污水排放的日益增多，水产养殖业规模的日益扩大和集约化程度的不断提高，鱼类所赖以生存的生态环境日趋恶化，造成水体中重金属对鱼类的影响明显增加，并且对鱼类的生存和繁衍构成了严重威胁，特别是鱼类早期发育阶段的胚胎期和仔鱼期对重金属最为敏感。

【实验用品】

1. 材料
实验鱼（鲤或鲫）受精卵（囊胚期）。

2. 仪器和用具
小型水族箱、分析天平、光学显微镜、培养皿、加热棒、充氧泵等。

3. 试剂
$CuSO_4 \cdot 5H_2O$、$CdCl_2 \cdot 2.5H_2O$、$ZnSO_4 \cdot 7H_2O$、蒸馏水等。

【实验步骤】

1. 试剂配制
分别将分析纯的$CuSO_4 \cdot 5H_2O$、$CdCl_2 \cdot 2.5H_2O$、$ZnSO_4 \cdot 7H_2O$预先配制成3000mg/L的母液，再根据实验需要稀释成相应的质量浓度。

2. 实验条件设置
根据Cu、Cd和Zn等重金属对鲤或鲫的致死浓度，每种重金属设置5个不同的浓度梯度，小型水族箱里水温控制在22℃左右，pH控制在7.0左右，确保每个水族箱的其他条件一致。每个水族箱里可放置3个培养皿（平行实验），每个培养皿（直径20cm）中放置实验鱼受精卵（囊胚期）。实验期间不断充气，每3h更换水族箱1/4储水量的水。

3. 实验方法
为确定重金属药液质量浓度的大致范围，先做预备实验，参考已报道的鲤或鲫及其他鱼类相关资料，估计Cu、Cd和Zn的5～7个质量浓度值，在每个浓度值的水族箱内先放入5尾50g幼鱼，在不喂食、保证溶氧的情况下观察24h，计算出实验鱼对各种重金属的最大耐受质量浓度和100%致死质量浓度。根据实验结果按等比级数设置5个质量浓度组（各设置3个平行组）及一个空白对照组，每个质量浓度设置3个相同的培养皿，并且每个培养皿中均匀布置100个实验鱼受精卵（囊胚期）。

4. 观察记录
本实验采用表66-1的浓度进行实验，用光学显微镜观察24h、48h、72h、96h的胚胎发育进程，并进行拍照，记录不同重金属、不同浓度对实验鱼胚胎发育的影响，包括孵化历时、胚胎孵化率、初孵仔鱼质量和数量等指标。

表66-1 不同重金属Cu、Cd、Zn浓度梯度设置 （单位：mg/L）

重金属	编号				
	1	2	3	4	5
Cu	0.1	0.2	0.4	0.8	1.6
Cd	1.0	2.0	4.0	8.0	16.0
Zn	1.0	2.0	4.0	8.0	16.0

【实验报告】

采用概率单位法求出重金属对实验鱼胚胎发育24h、48h、72h、96h的半致死浓度（LC_{50}）值，并以96h LC_{50}×0.1计算实验鱼受精卵孵化对不同重金属的安全浓度。

【注意事项】

（1）注意及时更换实验鱼孵化用水，并保持重金属浓度不变。

（2）为保证水族箱里3个培养皿之间孵化的仔鱼不会混淆，应适当改造水族箱，加设隔离网，既能保证水的连通，又要阻断仔鱼流通。

【思考题】

重金属浓度如何设置，为什么要按等比级数设置？

参 考 文 献

黄玉瑶，赵忠宪. 1992. 铜离子对鳗鲡（*Anguilla japonica* Temm. et Schl.）仔鱼的急性毒性. 中国环境科学，12（4）：255-260.

王利，汪开毓. 2004. 铜离子对鲤鱼的急性毒性研究. 淡水渔业，34（1）：21-22.

实验67 低氧胁迫对鲫生理生化的影响

【实验目的】

观察不同溶解氧浓度条件下鲫的生理生化指标变化，了解鲫低氧适应和耐低氧机制，掌握鱼类低氧胁迫实验的基本方法。

【实验原理】

氧气作为需氧生物生存的必要条件，参与生命体各项生命活动。鱼类作为重要的水生生物，水体溶解氧含量显著影响其呼吸、运动、生长、代谢等生理过程。水中溶氧量直接关系到鱼类的生存、生长、酶活性和代谢水平。血清生化指标是反映动物环境压力下，体内物质代谢和组织器官功能状态变化的重要特征。而低氧胁迫作为环境应激因子之一，必然会影响到鱼类的血液指标。

【实验用品】

1. 材料

鲫选育群体（大小50g左右）。

2. 仪器和用具

血液生化指标用全自动生化分析仪、溶氧检测仪、低氧胁迫试验装置、允氧泵、恒温加热控制器、注射器、5mL EP管、移液器等。

3. 试剂

血液抗凝剂、血液生化指标检测试剂盒等。

【实验步骤】

（1）选取鲫选育群体，随机分为对照组和急性低氧试验组2组，分别养殖在低氧胁迫试验装置的不同水槽中，并进行恒温控制（25℃），每组3个重复，每个重复养殖10尾鲫（根据容器大小，进行适当调整）。

（2）实验开始后给对照组充气，使溶氧始终保持在同一水平（6mg/L），实验组停止充气，使水中溶氧在20min内迅速下降至鱼类窒息点以下，当鱼开始烦躁不安、出现缺氧症状、卧于水底濒临死亡之时，立即取血采样。

（3）采样用血液生化指标用全自动生化分析仪分别测定。检测指标包括谷丙转氨酶、谷草转氨酶、γ-谷氨酰转肽酶、乳酸脱氢酶、乳酸脱氢酶同工酶、碱性磷酸酶、肌酸激酶、肌酸激酶同工酶等8种血清酶，钾（K）、钠（Na）、氯（Cl）、钙（Ca）、铁（Fe）、磷（P）和尿素氮（N）等7种血清离子，总蛋白、白蛋白、球蛋白、肌酐、总胆固醇、甘油三酯、葡萄糖和尿酸等8种成分。

（4）实验数据分析。

【实验报告】

（1）实验数据用"平均值±标准差"表示，采用SPSS13.0软件对数据进行处理分析，采用t检验进行差异显著性分析。

（2）统计各种生理生化指标的变化情况，分析急性低氧胁迫对鲫血液生理生化的影响。

【注意事项】

（1）在实验过程中注意观察养殖鱼的活动情况，及时取样，并及时检测溶氧情况。

（2）在实验过程中保持温度恒定。

（3）取血前对实验鱼进行快速麻醉处理，确保取血速度和取血量充足。

【思考题】

比较鲫稚鱼、幼鱼和成鱼的耐低氧能力和半致死溶氧量。

参 考 文 献

王维政，曾泽乾，黄建盛，等．2021．低氧胁迫对军曹鱼幼鱼生长、血清生化和非特异性免疫指标的
影响．海洋学报，43（2）：49-57．

熊向英，黄国强，彭银辉，等．2016．低氧胁迫对鲻幼鱼生长、能量代谢和氧化应激的影响．水产学
报，40（1）：73-82．

徐玉敏．2016．低氧胁迫对香鱼（*Plecoglossus altivelis*）消化酶、血清酶及离子和生长的影响．宁波：
宁波大学硕士学位论文．

第八篇

鱼类生物信息学分析

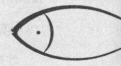

第十六章 鱼类数据的基本生物信息学分析

实验68 生物学数据库的检索
——以斑马鱼*vasa*基因为例

【实验目的】

（1）了解生物信息学的各大门户网站及主要资源。
（2）了解数据库的内容及结构，理解各数据库注释的含义。
（3）学习文献、核酸和蛋白质等数据库的检索方法。
（4）学习美国国家生物技术信息中心网站的Entrez检索方法。

【实验原理】

随着生物学的发展及各类组学技术的建立，生物学相关数据的数量也在呈现指数性增长。为方便管理各种生物数据，也为满足分子生物学及相关领域研究人员迅速获得最新实验数据的需求，科学家开发出了各式各样的生物数据库，以实现对大批量数据的存储、处理及检索。数据库及其相关的分析软件是生物信息学研究和应用的重要基础，也是分子生物学研究必备的工具。

美国国家生物技术信息中心（National Center for Biotechnology Information，NCBI）是目前世界上最重要的生物信息中心之一，可提供生物学检索资源和数据分析工具。该数据库包括PubMed（文献数据库）、Nucleotide（核酸序列数据库）、Gene（基因数据库）和Protein（蛋白质数据库）等资源，还有BLAST（基本局部比对搜索工具）、OFRfinder（基因编码区可读框预测）等分析工具。Entrez系统是NCBI的核心检索系统，管理NCBI的主要生物信息资源，包括DNA序列数据库、蛋白质序列数据库和UniGene数据库等，根据用户要求可在多组数据库之间进行检索。

【实验用品】

计算机（联网）、各类生物数据库。

【实验步骤】

本部分将以斑马鱼（*Danio rerio*）的*vasa*基因（vasa属于DEAD-box家族，DEAD-box家族具有的RNA解旋酶活性为生命活动所必需）为例，检索相关的文献信息、核酸序列信息、蛋白质序列信息和结构信息。

1. 登录Entrez系统

调用Internet浏览器并在其地址栏输入Entrez网址（http://www.ncbi.nlm.nih.gov/search）。

2. 信息搜索

在搜索框中输入"vasa" AND "Danio rerio"［porgn：__txid7955］后，按回车或点击"Search"按钮，页面显示的结果如图68-1所示（于2021年10月6日搜索，本实验下同），从图中可以看到Entrez共检索到6条文献信息、5条基因信息、26条核酸序列信息、23条蛋白质序列信息。

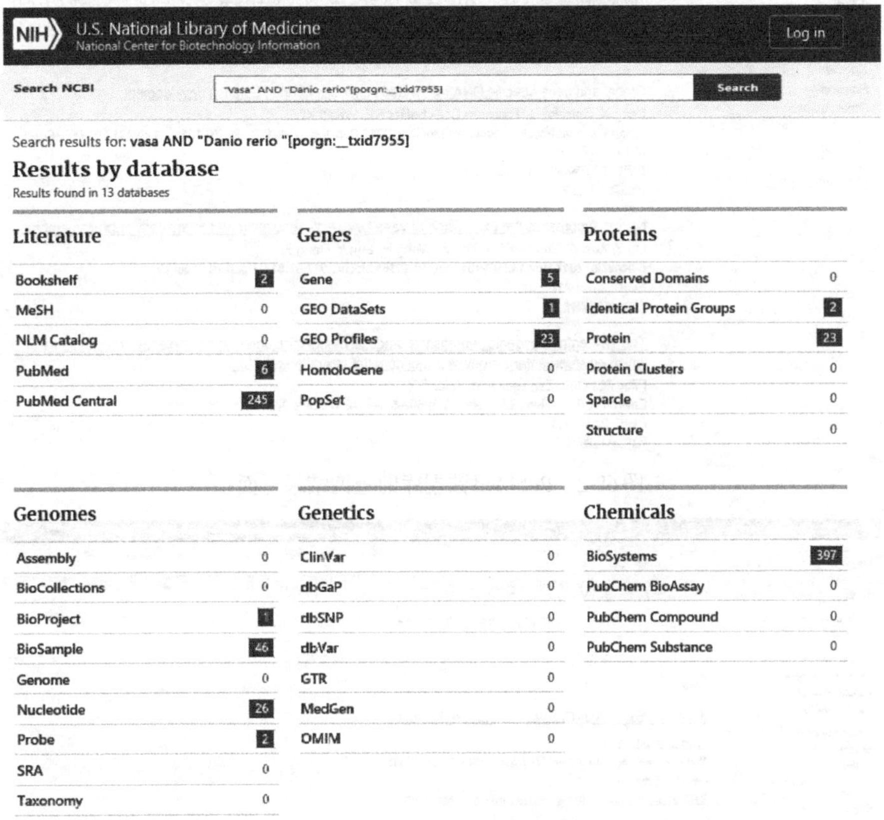

图68-1　Entrez的查询结果界面

3. PubMed数据库的查询结果

点击PubMed数据库的图标进入文献数据库查询结果界面，如图68-2所示。页面中给出了与斑马鱼vasa基因研究相关的所有文献信息。其中有部分文献提供免费全文的链接（如标注"Free PMC Article"者）。

4. Gene数据库的查询结果

首先了解vasa的基因数据库信息。点击Gene数据库的图标可以进入Gene数据库的查询结果界面，如图68-3所示。通过这个页面可以了解到与vasa最相关的基因信息。其中有一条相关，信息如下：ddx4-DEAD (Asp-Glu-Ala-Asp) box polypeptide 4, Danio rerio (zebrafish), Also known as: vas, vasa, vlg, wu: fi24g05, zgc: 109812, zgc: 158535, GeneID: 30263。

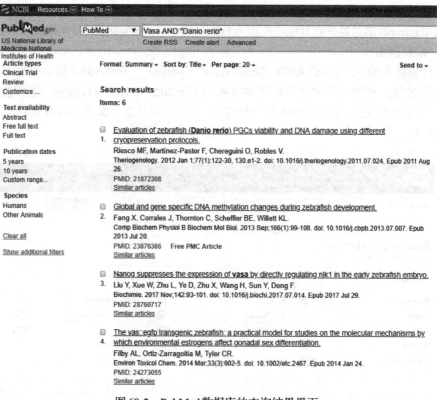

图68-2　PubMed数据库的查询结果界面

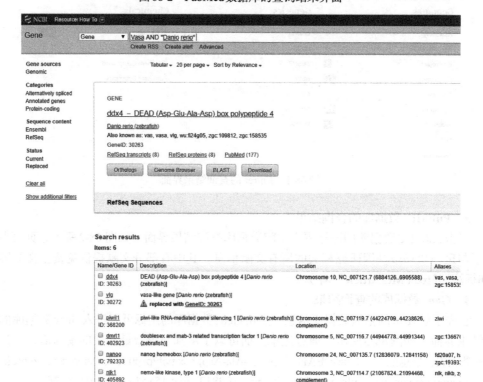

图68-3　Gene数据库的查询结果界面

通过点击相应的链接进入新的页面，可以查看相应的序列。

5. Nucleotide 数据库的查询结果

点击 Nucleotide 数据库的图标进入核酸数据库的查询结果界面，如图 68-4 所示。这个页面给出 Gene 数据库中找到的基因对应的 mRNA 序列及一些预测序列。点击相应的链接在新页面中下载序列。

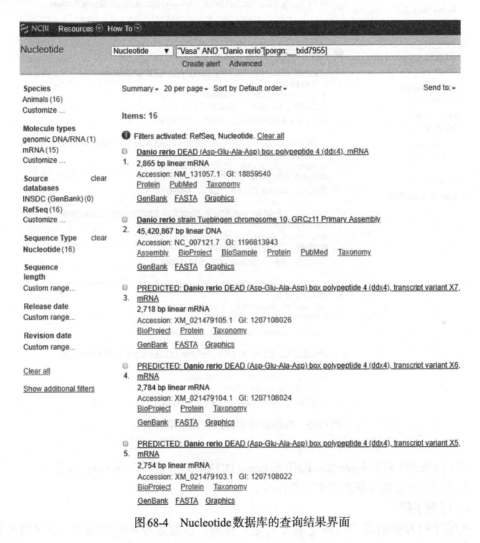

图 68-4　Nucleotide 数据库的查询结果界面

6. Protein 数据库的查询结果

点击 Protein 数据库的图标进入蛋白质数据库的查询结果界面，如图 68-5 所示。在这里可以找到 vasa 的相关蛋白，以下只列出了其中几条：

（1）probable ATP-dependent RNA helicase DDX4［Danio rerio］。

（2）probable ATP-dependent RNA helicase DDX4 isoform X7［Danio rerio］。

（3）probable ATP-dependent RNA helicase DDX4 isoform X6［Danio rerio］。

（4）probable ATP-dependent RNA helicase DDX4 isoform X5［Danio rerio］。

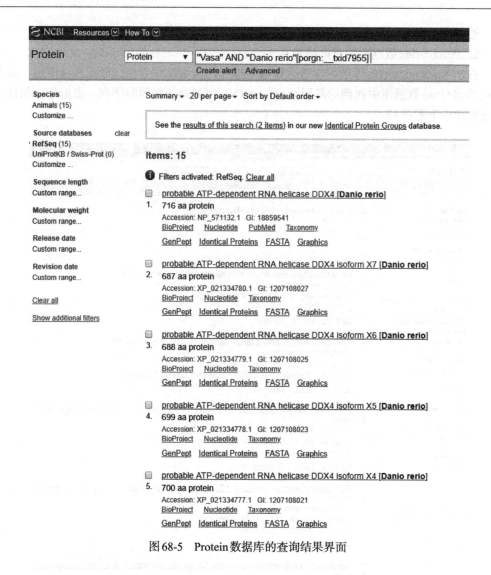

图68-5　Protein数据库的查询结果界面

（5）probable ATP-dependent RNA helicase DDX4 isoform X4［Danio rerio］。

点击相应的链接在新页面中下载序列。

7. 序列下载

核酸序列和蛋白质序列的下载方式是一样的，以检索号NM_131057.1的序列为例，点击序列名称进入弹出页面，如图68-6所示，序列信息默认以GenBank的格式显示。根据个人需要，可以选择以其他方式显示序列信息。一般来讲，下载序列常用FASTA格式，应选择"FASTA"。

随即出现的页面中即以FASTA格式显示的序列信息，如图68-7所示。若要下载序列，点击界面右上角的"Send to"，在"Choose Destination"中选择"File"，在"Format"中选择"FASTA"，最后点击"Create File"即可将序列下载到自定义文件夹中。其他格式序列信息文件的下载类似。

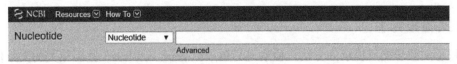

GenBank ▾

Danio rerio DEAD (Asp-Glu-Ala-Asp) box polypeptide 4 (ddx4), mRNA

NCBI Reference Sequence: NM_131057.1

FASTA   Graphics

Go to: ▾

```
LOCUS       NM_131057               2865 bp    mRNA    linear   VRT 21-JUL-2019
DEFINITION  Danio rerio DEAD (Asp-Glu-Ala-Asp) box polypeptide 4 (ddx4), mRNA.
ACCESSION   NM_131057
VERSION     NM_131057.1
KEYWORDS    RefSeq.
SOURCE      Danio rerio (zebrafish)
  ORGANISM  Danio rerio
            Eukaryota; Metazoa; Chordata; Craniata; Vertebrata; Euteleostomi;
            Actinopterygii; Neopterygii; Teleostei; Ostariophysi;
            Cypriniformes; Cyprinidae; Danio.
REFERENCE   1  (bases 1 to 2865)
  AUTHORS   Cao Z, Mao X and Luo L.
  TITLE     Germline Stem Cells Drive Ovary Regeneration in Zebrafish
  JOURNAL   Cell Rep 26 (7), 1709-1717 (2019)
   PUBMED   30759383
REFERENCE   2  (bases 1 to 2865)
  AUTHORS   Blokhina YP, Nguyen AD, Draper BW and Burgess SM.
  TITLE     The telomere bouquet is a hub where meiotic double-strand breaks,
            synapsis, and stable homolog juxtaposition are coordinated in the
            zebrafish, Danio rerio
  JOURNAL   PLoS Genet. 15 (1), e1007730 (2019)
   PUBMED   30653507
   REMARK   Publication Status: Online-Only
REFERENCE   3  (bases 1 to 2865)
  AUTHORS   Saju JM, Hossain MS, Liew WC, Pradhan A, Thevasagayam NM, Tan LSE,
            Anand A, Olsson PE and Orban L.
  TITLE     Heat Shock Factor 5 Is Essential for Spermatogenesis in Zebrafish
  JOURNAL   Cell Rep 25 (12), 3252-3261 (2018)
   PUBMED   30566854
REFERENCE   4  (bases 1 to 2865)
```

图68-6　序列GenBank数据格式

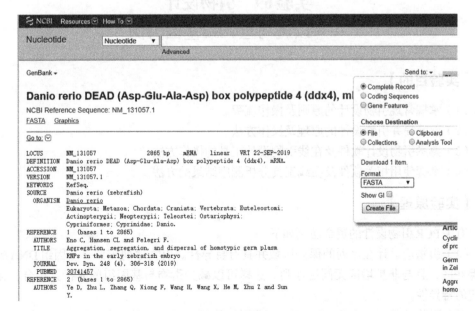

图68-7　下载序列

【实验报告】

根据实验步骤所提示的方法，检索斑马鱼 *gcl*（germ cell-less）基因相关的文献信息、基因信息、核酸序列信息、蛋白质序列信息和结构信息。

【注意事项】

（1）限定物种进行搜索时，需要进入 NCBI 的 Taxonomy 数据库查找该物种的分类号。

（2）对于核酸序列数据库，GenBank 数据库中的数据量大，粗糙，有一定的误差，可使用 RefSeq 参考序列数据库进行检索。RefSeq 参考序列数据库网址为 https://www.ncbi.nlm.nih.gov/refseq/。

【思考题】

基因组数据库与核酸数据库的检索结果有何相关性？

参 考 文 献

陈铭. 2018. 生物信息学. 3版. 北京：科学出版社.

吴祖建，高芳銮，沈建国. 2010. 生物信息学分析实践. 北京：科学出版社.

Brown G R, Hem V, Katz K S, et al. 2015. Gene: a gene-centered information resource at NCBI. Nucleic Acids Res, 43(Database issue): D36-D42.

Richa A, Tanya B, Jeff B, et al. 2018. NCBI resource coordinators. Database resources of the National Center for Biotechnology Information. Nucleic Acids Res, 46(D1): D8-D13.

实验69　引物设计
——以斑马鱼 *vasa* 基因为例

【实验目的】

（1）掌握常规引物设计的原则及操作流程。

（2）熟悉简并引物设计的原理及操作方法。

（3）熟悉引物设计软件及在线引物设计工具的操作方法。

（4）掌握使用相关软件及在线工具分析测序结果的方法。

【实验原理】

有关 PCR 引物设计的黄金法则如下。

（1）引物应设计在序列的保守区域并具有特异性。引物序列应位于基因组 DNA 的高度保守区，且与非扩增区无同源序列。这样可以减少引物与基因组的非特异结合，提高反应的特异性。

（2）引物的长度一般为 15～30bp。常用的是 18～27bp，但不应大于 38bp，因为过长会导致其延伸温度大于74℃，不适于 *Taq* DNA聚合酶进行反应。

（3）引物自身及引物之间不允许存在互补序列。引物二聚体及发夹结构的能值过高（超过4.5kcal[①]/mol）易导致产生引物二聚体带，且降低引物有效浓度会导致PCR反应不能正常进行。

（4）引物序列的G＋C含量一般为40%～60%。过高或过低都不利于引发反应。上下游引物的G＋C含量不能相差太大。

（5）引物所对应模板位置序列的 T_m 值在72℃左右可使复性条件最佳。T_m 值的计算有多种方法，如公式 $T_m = 4（G+C）+2（A+T）$。

（6）引物5′端序列对PCR影响不太大，常用来引进修饰位点或标记物。可根据下一步实验中要插入PCR产物载体的相应序列确定。

（7）引物3′端不可修饰。引物3′端的末位碱基对 *Taq* DNA聚合酶的DNA合成效率有较大的影响。不同的末位碱基在错配位置导致不同的扩增效率，末位碱基为A的错配效率明显高于其他3个碱基，因此应当避免在引物的3′端使用碱基A。

（8）碱基要随机分布。引物序列自身或者引物之间不能再出现3个以上的连续碱基，如GGG或CCC，因为这会使错误引发概率增加。

（9）*G* 值是指DNA双链形成所需的自由能，该值反映了双链结构内部碱基对的相对稳定性。应当选用3′端 *G* 值较低（绝对值不超过9），而5′端和中间 *G* 值相对较高的引物。引物3′端的 *G* 值过高，容易在错配位点形成双链结构并引发DNA聚合反应。

【实验用品】

计算机（联网）。PCR引物设计软件：最常用的引物设计软件为 Primer Premier 5.0和在线工具Primer 3，本实验采用Primer Premier 5.0，引物评估软件为Oligo 7。另外，NCBI新开发了一款引物设计在线工具"Primer-BLAST"。其他相关工具可以通过互联网搜索。

【实验步骤】

本部分操作将使用Primer Premier 5.0、Oligo 7等软件及工具设计斑马鱼 *vasa* 基因编码区的特异性引物。

针对实验目的，进行引物设计，操作如下。

1. 序列查找和下载

打开NCBI网站（www.ncbi.nlm.nih.gov/），在"Search"下拉菜单中选择"Nucleotide"，并在检索框输入"vasa"AND"Danio rerio"［porgn：__txid7955］，然后点击"Search"，在结果页面里可以得到多个序列信息，点击其中的一个检索号（如NM_131057.1），进入新的页面，根据序列注释，查找并下载其中的基因序列。

2. 引物设计与筛选

以Primer Premier 5.0软件为例，设计并筛选用于扩增 *vasa* 基因片段的引物，具体操作示范如下。

（1）打开软件，调入目的基因序列。点击"File"中"Open"的"DNA sequence"，

---

① 1kcal＝4184J

选择路径在"All Files"框中选中目的序列文件，按右边的"Add"按钮，将其添加到"Selected Files"下面的框中，然后点击"OK"按钮，会弹出一个含有目的序列的窗口，如图69-1所示。

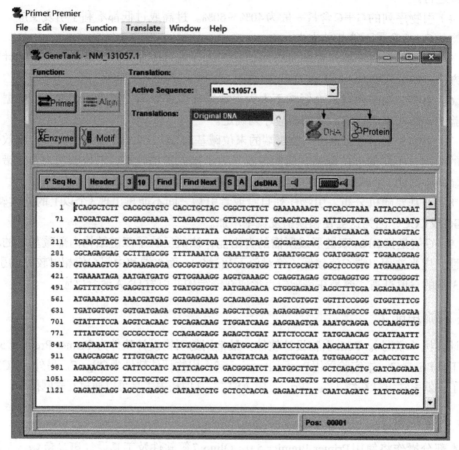

图69-1　序列导入结果显示窗口

（2）点击GeneTank窗口中左上角的"Primer"按钮，在弹出的Primer Premier窗口中点击"Search"，在弹出的Search Criteria窗口中根据要求选择合适的选项及参数，如图69-2所示。搜索目的（Search For）有PCR引物（PCR Primers）、测序引物（Sequencing Primers）、杂交探针（Hybridization Probes）三种选项。搜索类型（Search Type）可选择分别或同时查找上、下游引物（Sense Primer、Anti-sense Primer或Both），或者成对查找（Pairs），或者分别以适合上、下游引物为主（Compatible with Sense Primer或Compatible with Anti-sense Primer）。另外，还可改变选择区域（Search Ranges）、引物长度（Primer Length）、选择方式（Search Mode）、参数选择（Search Parameters）等。使用者可根据自己的需要设定各项参数，如设定PCR扩增产物长度为300～700bp。

（3）点击"OK"，当随之出现的Search Progress窗口中显示Search Completed 时，再点击"OK"，这时搜索结果以表格形式出现，有上游引物（Sense）、下游引物（Anti-

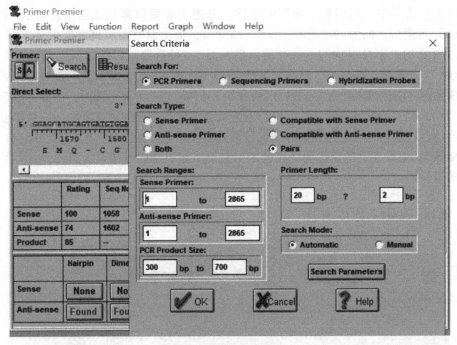

图69-2　搜索标准窗口

sense）和成对显示（Pairs）三种显示方式。默认为成对显示方式，按优劣次序（Rating）排列，满分为100，即各指标基本都能达标（图69-3）。

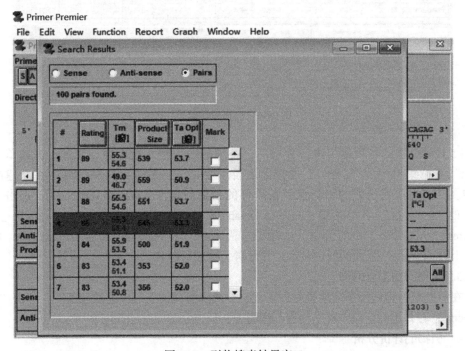

图69-3　引物搜索结果窗口

（4）点击其中一对引物，如第#1引物，并把上述窗口挪开或退出，显示"Primer Premier"主窗口，如图69-4所示。该图分3部分，最上面是图示PCR模板及产物位置，中间是所选的上下游引物的一些性质，最下面是4种重要指标的分析，包括发夹结构（Hairpin）、二聚体（Dimer）、错误引发情况（False Priming），以及上下游引物之间二聚体形成情况（Cross Dimer）。当分析引物有如上4种结构的形成可能时，下方的按钮会显示为"Found"，点击该按钮，在窗口右下角就会出现该结构的形成情况。一对理想的引物应当不存在任何一种上述结构，因此最好的情况是最下面的分析栏没有"Found"，只有"None"。值得注意的是中间一栏的末尾会给出该引物的最佳退火温度，可参考进行PCR实验。

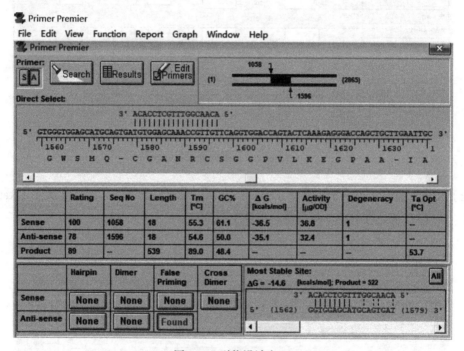

图69-4　引物设计窗口

（5）对引物的各项指标进行分析后，将理想的引物下载保存。通过点击菜单栏中"Edit"下拉菜单中的"Copy"，选择上下游引物，点击后，将其粘贴保存在新建的文档中。或者可以将选好的引物保存在软件的引物数据库"Primer Database"，点击菜单栏中的"Function"下拉菜单"Save to Database"，弹出"Primer Database"窗口，选择"Current Primer Pair"中的引物，然后点击"Export"按钮即将引物输入数据库中，可在窗口上方"Primer"下面的框中显示，并可对引物进行命名。

3. 引物的加工与修饰

在需要对引物进行修饰编辑时，如在5′端加入酶切位点与保护性碱基等，点击"Edit Primers"，在弹出的窗口中对引物进行编辑。

4. 引物的评价分析

以Oligo 7为例，对用Primer Premier 5.0筛选到的引物进行评估，具体操作示范如下。

（1）打开Oligo 7软件，点击"File"下拉菜单中的"Open"，定位到目的基因序列（即用Primer Premier 5.0进行引物筛选的文件）。

（2）点击菜单"Edit"的"Forward Primer"，将用Primer Premier 5.0设计的一条上游引物复制到弹出窗口，接受输入，点击"Edit"的"Forward Primer"，选中该引物作为上游引物。同理点击菜单"Edit"的"Reverse Primer"，将用Primer Premier 5.0设计的一条下游引物复制到弹出窗口，接受输入，点击"Edit"的"Lower Oligo"，选中该引物作为下游引物，如图69-5所示。

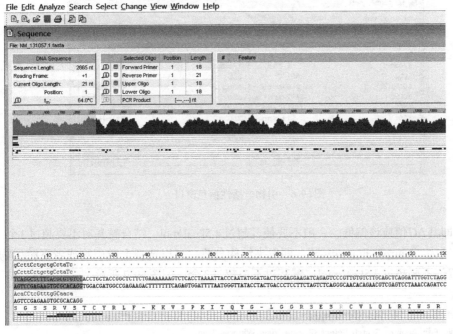

图69-5　Oligo 7序列及引物导入窗口

（3）依次点击菜单"Analyze"中的"Key Info""Duplex Formation""Hairpin Formation""Composition and Tm"和"False Priming Sites"，查看软件对所选引物对的评价。点击菜单"Analyze"中的"PCR"，查看软件对该对引物的PCR反应的归纳。

在第一项"Key Info"中点击"Selected primers"，会给出两条引物的概括性信息，其中包括引物的T_m值，对于此值，Oligo 7是采用最近毗邻法（nearest neighbor method）计算，会比Primer Premier 5.0中引物的T_m值略高，此窗口中还给出引物的ΔG和3′端的ΔG，如图69-6所示。3′端的ΔG过高，会在错配位点形成双链结构并引起DNA聚合反应，因此此项绝对值应该小一些，最好不要超过9。

第二项为"Duplex Formation"，即二聚体形成分析。可以选择上游引物或下游引物，分析上游引物间的二聚体形成情况和下游引物间的二聚体形成情况，还可以选择"Upper/Lower"，即上下游引物之间的二聚体形成情况。引物二聚体是导致PCR反应异常的重要因素，因此应该避免设计的引物存在二聚体，至少也要使设计的引物形成的二聚体是不

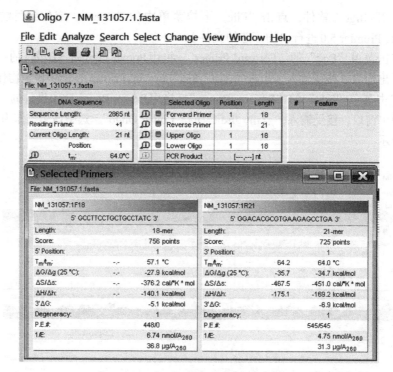

图69-6　引物概括性信息窗口

稳定的，即其ΔG值应该偏低，一般不要使其超过4.5kcal/mol，结合碱基对不要超过3个。

第三项为"Hairpin Formation"，即发夹结构分析。可以选择上游引物或者下游引物，同样，ΔG值不要超过4.5kcal/mol，碱基对不要超过3个，如图69-7所示。

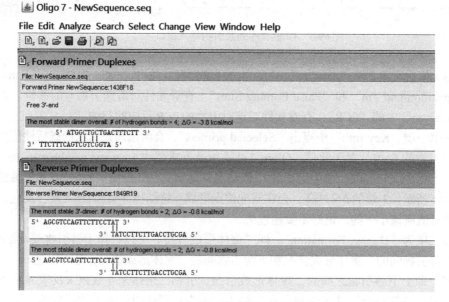

图69-7　上下游引物间的二聚体分析

第四项为"Composition and Tm"，会给出上游引物、下游引物和产物各个碱基的组成比例及T_m值。上下游引物的G+C含量需要控制在40%～60%，而且上下游引物之间的G+C含量不要相差太大。T_m值共有3个，分别采用三种方法计算出来，包括毗邻法、%GC法和2（A+T）+4（G+C）法，最后一种应该是Primer Premier 5.0所采用的方法，T_m值可以控制在50～70℃，如图69-8所示。

Forward Primer Composition

File: NM_131057.1.fasta

Forward Primer NM_131057:1F18

T_d	60.3°	[nearest neighbor method]
T_m	68.1°	[%GC method]
T_m	52°	[2(A+T)° + 4(G+C)° method]
T_m(RNA)[1M Na]	77.5°	[%GC method]
T_m(DNA:RNA)[1M Na]	70.9°	[%GC method]
A_{260}/A_{280}	1.83	[one strand]
Molecular Weight	5.6K	[one strand]
Molecular Weight	11.1K	[two strands]
μg/OD	47.8	[dsDNA]

Base	Number & %
A	4 [22.2%]
C	3 [16.7%]
G	5 [27.8%]
T	6 [33.3%]
A + T	10 [55.6%]
G + C	8 [44.4%]

DNA Melting Temperature in Various Salt and Formamide Concentrations [°C]

[mM]	xSSC	0%	10%	50%
1	0.006	22.1	15.6	-10.4
10	0.06	38.7	32.2	6.2
50	0.3	50.1	43.6	17.6
165	1	58.2	51.7	25.7
330	2	62.5	56.0	30.0
500	3	64.8	58.3	32.3
1000	6	68.1	61.6	35.6

Approximate t_m of the mismatched oligo
Mismatch $t_m = T_d - 1.2$(% mismatch)°

mism. #	t_m	mism. #	t_m
0	60.3	3	40.3
1	53.7	4	33.7
2	47.0	5	27.0

图69-8　上游引物的"Composition and Tm"分析

第五项为"False Priming Sites"，即错误引发位点，在Primer Premier 5.0中虽然也有False Priming分析，但不如Oligo 7详细，并且Oligo 7会显示正确引发效率和错误引发效率，一般的原则是使错误引发效率在100以下，当然有时正确位点的引发效率很高，比如达到400～500bp，错误引发效率超过100幅度若不大的话，也可以接受。

"Analyze"中，有参考价值的最后一项是"PCR"，在此窗口中，是基于此对引物PCR

反应的归纳（Summary），并且给出了此反应的最佳退火温度，另外，提供了对于此对引物的简短评价。若该引物有不利于PCR反应的二级结构存在，并且ΔG值偏大的话，Oligo 7在最后的评价中会注明，若没有注明此项，表明二级结构能值较小，基本可以接受。

（4）依次将Primer Premier 5.0设计的各对引物载入Oligo 7进行评价，选择合适的引物。如未能发现完全满足要求的引物，可通过在引物末端去掉一个不满意的碱基或加上一个碱基，再对其评价分析是否可用。

5. 结果分析

引物确定后，对于上游引物和下游引物分别进行BLAST分析，通常都会找到一些其他基因的相似序列。可以对上游引物和下游引物的BLAST结果进行对比分析，只要没有交叉到同一物种中其他基因的相似序列就可以。

【实验报告】

根据实验步骤所提示的方法，利用Primer Premier 5.0及Oligo 7软件设计一对PCR引物用于对斑马鱼*gcl*（germ cell-less）基因进行定量（qPCR）。

【注意事项】

（1）载体构建需要对基因全长CDS区域进行设计，上游引物结合到目的基因的5′端，下游基因结合到目的基因的3′端。

（2）普通qPCR引物设计中，引物长度通常为18～30bp，PCR产物长度最好为100～500bp，小于100bp的PCR产物用琼脂糖凝胶电泳出来，条带很模糊。需跨内含子避免基因组污染。

【思考题】

（1）利用其他引物设计工具，如在线工具Primer-BLAST进行引物设计。

（2）如果仅知道表达的蛋白质序列，而DNA序列未知的情况下，如何设计合适的引物（注意简并引物的设计原则）？

参 考 文 献

吴祖建，高芳銮，沈建国. 2010. 生物信息学分析实践. 北京：科学出版社.

实验70　BLAST数据库搜索
——以斑马鱼*vasa*基因为例

【实验目的】

（1）掌握BLAST数据库搜索的原理。

（2）掌握用动态规划法进行序列比对的常见方法。

（3）熟练掌握NCBI BLAST工具。

（4）了解不同类型的BLAST搜索方式（blastn、blastp、blastx、tblastn、tblastx、PSI-BLAST及PHI-BLAST）。

【实验原理】

BLAST，全称为basic local alignment search tool，即"基本局部比对搜索工具"。BLAST主要用于比较两段核酸或者蛋白质序列之间的同源性，它能快速找到两段序列之间的相似序列并对比对区域进行打分以确定相似度的高低。

BLAST的运行方式是先用目标序列建数据库（这种数据库称为database，里面的每一条序列称为subject），然后用待查的序列（称为Query）在database中搜索，每一条Query与database中的每一条subject都要进行双序列比对，从而得出全部比对结果。其搜索步骤如下。

（1）得到并输入查询序列（FASTA格式或accession number）。

（2）选择BLAST程序（blastp、blastn、blastx、tblastn、tblastx）。

（3）选择搜索对应的数据库。

（4）选择搜索算法所使用的参数。

（5）点击"BLAST"。

BLAST是一个集成的程序包，通过调用不同的比对模块，BLAST实现了以下5种可能的序列比对方式。

blastp：蛋白质序列与蛋白质库的比对，库中存在的每条已知序列将逐一地同每条所查序列作一对一的序列比对。

blastx：核酸序列对蛋白质库的比对，先将核酸序列翻译成蛋白质序列（根据相位可以翻译为6种可能的蛋白质序列），然后再与蛋白质库进行比对。

blastn：核酸序列对核酸库的比对，库中存在的每条已知序列都将同所查序列作一对一的核酸序列比对。

tblastn：蛋白质序列对核酸库的比对，将库中的核酸翻译成蛋白质序列，然后进行比对。

tblastx：核酸序列对核酸库在蛋白质级别的比对，将库和待查序列都翻译成蛋白质序列，然后对蛋白质序列进行比对，这样每次比对会产生36种比对阵列。

PSI-BLAST和PHI-BLAST都是蛋白质序列与蛋白质序列之间的BLAST比对。PSI-BLAST（position-specific iterated-BLAST）基于位置选择性迭代BLAST，是一种更加灵敏的blastp程序，对于发现远亲物种的相似蛋白或某个蛋白质家族的新成员非常有效。其搜索过程中需要构建位置特异性权重矩阵（position-specific scoring matrix，PSSM），搜索数据库后再利用搜索的结果重新构建PSSM，然后用新的PSSM再次搜索数据库，如此反复（iteration）直至没有新的结果产生。

PHI-BLAST（pattern-hit initiated BLAST，模式识别BLAST）：搜索时限定蛋白质的模式（pattern），找到与查询序列相似的并符合某种特定模式的序列。

【实验用品】

计算机（联网）、BLAST工具。

【实验步骤】

本部分将以斑马鱼胚胎 *vasa* 基因为例，用 NCBI BLAST 工具中的 blastn 进行查询序列的同源性搜索。

（1）进入 NCBI 主页（http://www.ncbi.nlm.nih.gov/），点击"BLAST"按钮，进入 BLAST Home 界面。

（2）点击"Nucleotide BLAST"，选择"blastn"，在"Enter Query Sequence"输入 FASTA 格式的序列（用实验 68 介绍的方法下载斑马鱼 *vasa* 基因的 FASTA 格式文件）。在"Choose Search Set"栏中的"Database"中选择"Others"中的数据库"Nucleotide collection（nr/nt）"。此处有不同类型的数据库可供选择，以需要解决的问题为准，如图 70-1 所示。

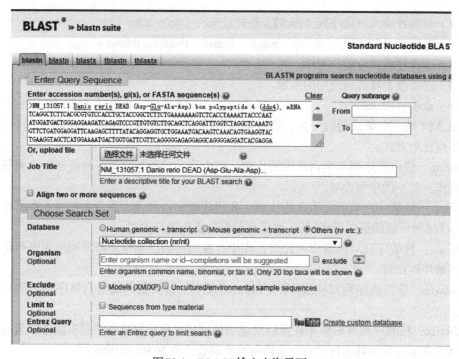

图 70-1　BLAST 输入查询界面

（3）在"Program Selection"栏中选择"Highly similar sequences（megablast）"。此处有三个程序可供选择。"megablast"是对高度相似 DNA 序列间的比较。当序列之间的差异比"megablast"大时，一般选用"discontiguous megablast"。比较的序列，其相似程度可以非常低，选择"Somewhat similar sequences（blastn）"。

（4）在"Algorithm parameters"中，可以进行 BLAST 的高级设置选项，包括 Max target sequences（最大目标序列数目）、Word size（字段长度）、Gap Costs（空位罚分）、Match/Mismatch（匹配/不匹配得分）等。可以根据实验需求修改相应的参数，如图 70-2 所示。

（5）点击"BLAST"按钮，需要一定的运行时间，跳转至结果界面。

（6）BLAST 检索结果页面大体上包括 5 部分。

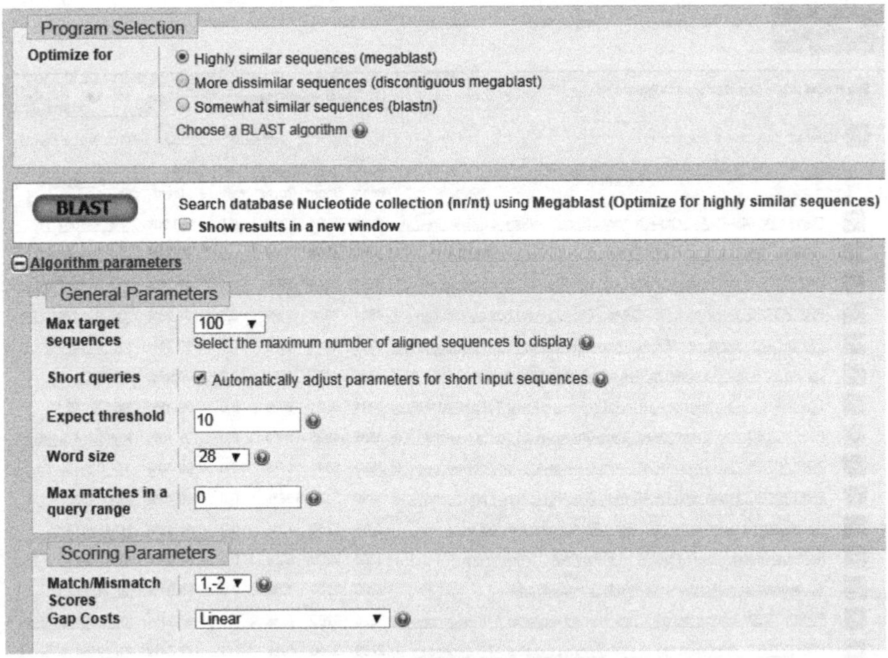

图70-2 BLAST参数设置界面

第一部分是一个工作信息表头，即本次搜索的基本信息，查询序列的简单信息如名称、描述、分子类型、序列长度，以及对应数据库的名称、描述和所用程序如比对类型、序列长度、所选的数据库等。

（7）第二部分为结果描述区（Descriptions）。BLAST搜索获得的目标序列以表格的形式呈现（以匹配分值从大到小排序）。Description是目标序列的简单描述，点击链接可以看到每条序列与目标序列的比对结果。接下来是5个参数数值：Max Score为匹配分值，点击可进入第四部分相应序列的BLAST的详细比对结果；Total Score为总体分值；Query Coverage为覆盖率；E value为期望值，该值接近零或为零时，表示查询序列与目标序列完全匹配；Percent Identity为匹配一致性百分比，即匹配上的碱基数占总序列长的百分数；Accession对应的是目标序列检索号，点击相应链接进入更为详细的序列数据库（图70-3）。

（8）第三部分为图形化显示结果（Graphic Summary）：如图70-4所示，图中显示了100条目标序列中最佳得分的193个Blast命中片段的分布。每一个条纹表示数据库搜索获取的目标序列。颜色比例尺，其中相似度从高到低依次为红、紫、绿、蓝、黑，红色条纹多则表示有较好的比对结果。条纹的长度表示对应目标序列的匹配度。长度越长，表示查询序列与目标序列之间的匹配度越高。

（9）第四部分为各目标序列与查询序列的详细比对结果。每个结果大体上包括三部分。首先是所比对序列的名称、简单描述、长度，以及到其他数据库的链接。中间部分为比对结果的5个数值：Score为打分矩阵计算出来的值，由搜索算法决定，值越大说明询问序列与目标序列的匹配程度越大；Expect是输入序列被随机搜索出来的概率，该值越小越好；Identities是相似程度，即查询序列和目标序列的匹配率；Gaps表示空位，即比对过程中由于不匹配，要在某一条链上插入空位；Strand Plus/Plus即查询序列和数据库目标序列的正链

	Description	Max Score	Total Score	Query Cover	E value	Per. Ident	Accession
☑	Danio rerio DEAD (Asp-Glu-Ala-Asp) box polypeptide 4 (ddx4), mRNA	5291	5291	100%	0.0	100.00%	NM_131057.1
☑	PREDICTED: Danio rerio DEAD (Asp-Glu-Ala-Asp) box polypeptide 4 (d	5168	5168	99%	0.0	99.30%	XM_005156453.4
☑	PREDICTED: Danio rerio DEAD (Asp-Glu-Ala-Asp) box polypeptide 4 (d	5149	5149	99%	0.0	99.20%	XM_017357926.2
☑	PREDICTED: Danio rerio DEAD (Asp-Glu-Ala-Asp) box polypeptide 4 (d	4854	4958	95%	0.0	99.26%	XM_021479103.1
☑	PREDICTED: Danio rerio DEAD (Asp-Glu-Ala-Asp) box polypeptide 4 (d	4287	4517	87%	0.0	99.28%	XM_021479102.1
☑	D.rerio vlg (vasa like gene) mRNA for putative RNA helicase	4248	4417	86%	0.0	98.99%	Y12007.1
☑	Danio rerio vasa homolog, mRNA (cDNA clone MGC:158535 IMAGE:26	3914	5061	97%	0.0	99.49%	BC129275.1
☑	PREDICTED: Danio rerio DEAD (Asp-Glu-Ala-Asp) box polypeptide 4 (d	3899	4895	94%	0.0	99.40%	XM_021479105.1
☑	PREDICTED: Danio rerio DEAD (Asp-Glu-Ala-Asp) box polypeptide 4 (d	3899	5041	97%	0.0	99.40%	XM_021479104.1
☑	PREDICTED: Danio rerio DEAD (Asp-Glu-Ala-Asp) box polypeptide 4 (d	3899	5124	98%	0.0	99.40%	XM_017357927.2
☑	Onychostoma macrolepis vasa-like mRNA, complete sequence	2268	2268	72%	0.0	86.48%	HQ412513.1
☑	Mylopharyngodon piceus VASA (vasa) mRNA, complete cds	2206	2206	81%	0.0	84.01%	KU574642.1
☑	Squaliobarbus curriculus vasa mRNA, complete cds	2200	2200	72%	0.0	85.94%	MF327142.1
☑	PREDICTED: Sinocyclocheilus anshuiensis probable ATP-dependent RI	2200	2200	67%	0.0	87.24%	XM_016456369.1
☑	PREDICTED: Sinocyclocheilus anshuiensis probable ATP-dependent RI	2200	2200	67%	0.0	87.24%	XM_016456367.1
☑	Cyprinus carpio DEAD box RNA helicase Vasa mRNA, complete cds	2196	2196	64%	0.0	88.08%	AF479820.2

图 70-3　BLAST 目标序列结果列表

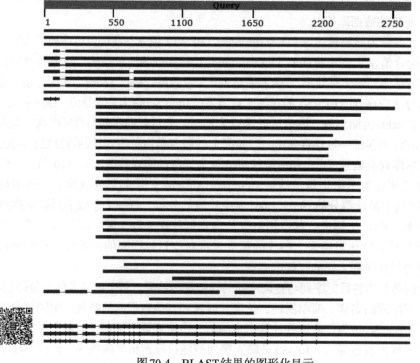

图 70-4　BLAST 结果的图形化显示

匹配，Strand＝Plus/Minus 即查询序列和数据库目标序列的互补链匹配。最后是查询序列和目标序列匹配区域的比对结果，竖线"|"表示匹配，横线"-"表示插入空位（图70-5）。

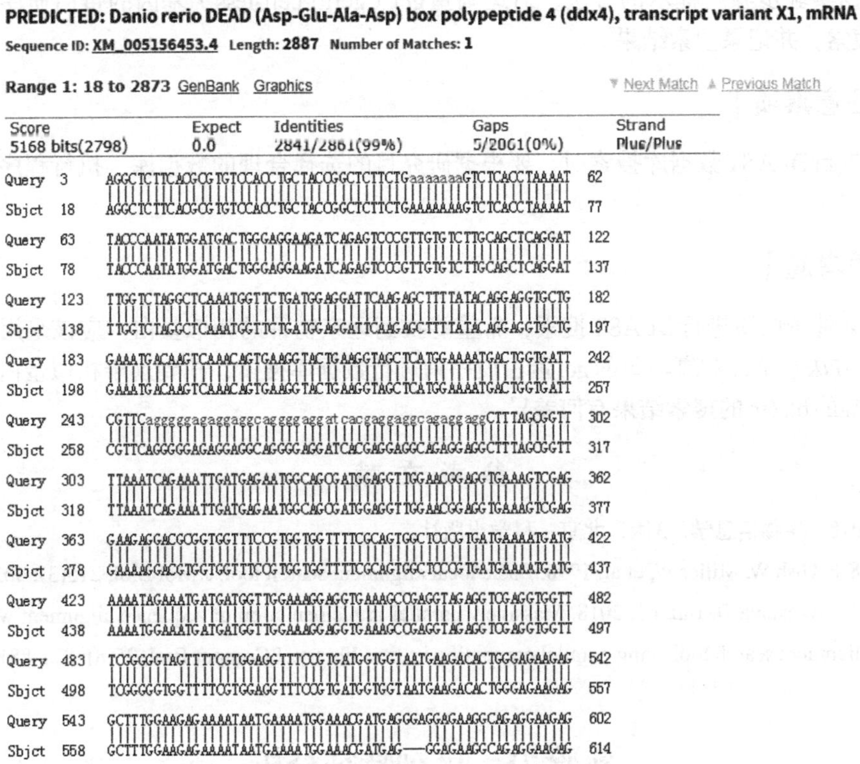

PREDICTED: Danio rerio DEAD (Asp-Glu-Ala-Asp) box polypeptide 4 (ddx4), transcript variant X1, mRNA

Sequence ID: <u>XM_005156453.4</u>　Length: 2887　Number of Matches: 1

Range 1: 18 to 2873 GenBank　Graphics　　　　　　▼ Next Match　▲ Previous Match

Score 5168 bits(2798)	Expect 0.0	Identities 2841/2861(99%)	Gaps 5/2061(0%)	Strand Plus/Plus

```
Query  3    AGGCTCTTCACGCGTGTCCACCTGCTACCGGCTCTTCTGaaaaaaaGTCTCACCTAAAAT  62
            |||||||||||||||||||||||||||||||||||||||| |||||||||||||||||||
Sbjct  18   AGGCTCTTCACGCGTGTCCACCTGCTACCGGCTCTTCTGAAAAAAAGTCTCACCTAAAAT  77

Query  63   TACCCAATATGGATGACTGGGAGGAAGATCAGAGTCCCGTTGTGTCTTGCAGCTCAGGAT  122
            ||||||||||||||||||||||||||||||||||||||||||||||||||||||||||||
Sbjct  78   TACCCAATATGGATGACTGGGAGGAAGATCAGAGTCCCGTTGTGTCTTGCAGCTCAGGAT  137

Query  123  TTGGTCTAGGCTCAAATGGTTCTGATGGAGGATTCAAGAGCTTTTATACAGGAGGTGCTG  182
            |||||||||||||||||||||||||||||||||||||||||||||||||||||||||||
Sbjct  138  TTGGTCTAGGCTCAAATGGTTCTGATGGAGGATTCAAGAGCTTTTATACAGGAGGTGCTG  197

Query  183  GAAATGACAAGTCAAACAGTGAAGGTACTGAAGGTAGCTCATGGAAAATGACTGGTGATT  242
            ||||||||||||||||||||||||||||||||||||||||||||||||||||||||||||
Sbjct  198  GAAATGACAAGTCAAACAGTGAAGGTACTGAAGGTAGCTCATGGAAAATGACTGGTGATT  257

Query  243  CGTTCaggggagaggaggcaggaggagatcacgaggaggcagaggaggCTTTAGCGGTT  302
            |||||||||||||||||||||||||||||||||||||||||||||||||||||||||||
Sbjct  258  CGTTCAGGGGGAGAGGAGGCAGGAGGAGATCACGAGGAGGCAGAGGAGGCTTTAGCGGTT  317

Query  303  TTAAATCAGAAATTGATGAGAATGGCACGCATGGAGGTTGGAACGGAGGTGAAAGTCGAG  362
            ||||||||||||||||||||||||||||||||||||||||||||||||||||||||||
Sbjct  318  TTAAATCAGAAATTGATGAGAATGGCACGCATGGAGGTTGGAACGGAGGTGAAAGTCGAG  377

Query  363  GAAGAGGACGCGGGTGGTTTCCGTGGGTTTTCGCAGTGACCCTGATGAAAATGATG     422
            |||||||||||||||||||||||||||||||||||||||||||||||||||||||
Sbjct  378  GAAAAGGACGTGGTGGTTTCCGTGGGTTTTCGCAGCTGGCTGGGTGATGAAAATGATG    437

Query  423  AAAATAGAAATGATGATGGTTGGAAAGGAGGTGAAAGCCGAGGTAGAGGTCGAGGTGGTT  482
            |||||||||||||||||||||||||||||||||||||||||||||||||||||||||||
Sbjct  438  AAAATGAAAATGATGATGGTTGGAAAGGAGGTGAAAGCCGAGGTAGAGGTCGAGGTGGTT  497

Query  483  TCGGGGGTAGTTTTCGTGGAGGTTTTCCGTGATGGTGGTAATGAAGCACTGGGAGAGAG  542
            ||||||||||||||||||||||||||||||||||||||||||||||||||||||||||
Sbjct  498  TCGGGGGTGGTTTTCGTGGAGTTTTCCGTGATGGTGGTAATGAAGCACTGGGAGAGAG  557

Query  543  GCTTTGGAAGAGAAAATAATGAAAATGGAAACGATGAGGGAGGAGAAGGCAGAGGAGAG  602
            ||||||||||||||||||||||||||||||||||||  |||||||||||||||||||||
Sbjct  558  GCTTTGGAAGAGAAAATAATGAAAATGGAAACGATGAG——GGAGGAGGCAGAGGAGAG  614
```

图70-5　查询序列和目标序列的比对结果

（10）第五部分为报告（Reports）。将搜索到的目标序列归类到不同的物种类别中，包括对应的物种名称（Organism）、Score（比对得分）、目标序列条数（Number of Hits）等（图70-6）。

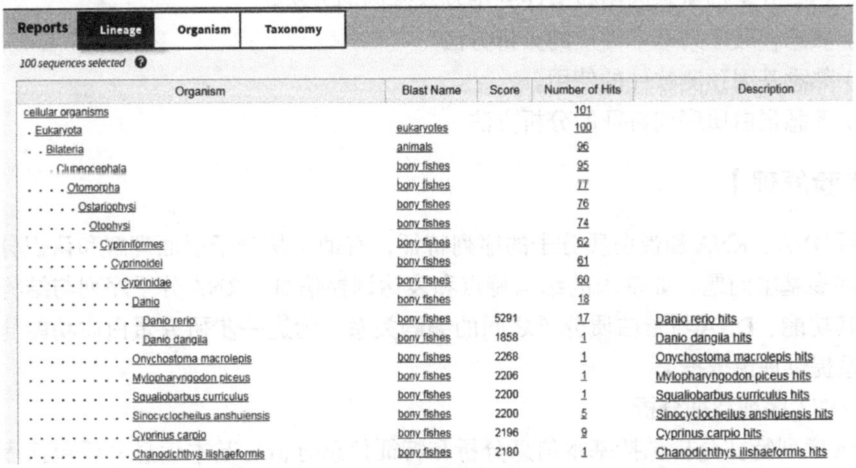

Reports	Lineage	Organism	Taxonomy				
100 sequences selected ❓							
Organism				Blast Name	Score	Number of Hits	Description
cellular organisms						101	
. Eukaryota				eukaryotes		100	
.. Bilateria				animals		96	
... Chiroocephala				bony fishes		95	
.... Otomorpha				bony fishes		77	
..... Ostariophysi				bony fishes		76	
...... Otophysi				bony fishes		74	
.... Cypriniformes				bony fishes		62	
.... Cyprinoidei				bony fishes		61	
.... Cyprinidae				bony fishes		60	
.... Danio				bony fishes		18	
.... Danio rerio				bony fishes	5291	17	Danio rerio hits
.... Danio dangila				bony fishes	1858	1	Danio dangila hits
.... Onychostoma macrolepis				bony fishes	2268	1	Onychostoma macrolepis hits
.... Mylopharyngodon piceus				bony fishes	2206	1	Mylopharyngodon piceus hits
.... Squaliobarbus curriculus				bony fishes	2200	1	Squaliobarbus curriculus hits
.... Sinocyclocheilus anshuiensis				bony fishes	2200	5	Sinocyclocheilus anshuiensis hits
.... Cyprinus carpio				bony fishes	2196	9	Cyprinus carpio hits
.... Chanodichthys ilishaeformis				bony fishes	2180	1	Chanodichthys ilishaeformis hits

图70-6　BLAST目标序列的物种分类结果

【实验报告】

根据实验步骤所提示的方法，对斑马鱼*gcl*（germ cell-less）基因的蛋白质序列进行blastp搜索，并记录搜索结果。

【注意事项】

在进行BLAST数据库搜索时，要根据研究目的选择合理的数据库、执行程序和算法参数。

【思考题】

对某种蛋白质进行BLAST搜索，希望能找到远亲物种的相似蛋白，应该采用哪一种BLAST方法？试针对斑马鱼的gcl蛋白质序列进行数据库搜索，找到远亲相似蛋白，并比较与标准的blastp的搜索结果有何差异。

参 考 文 献

陈铭. 2018. 生物信息学. 3版. 北京：科学出版社.

Altschul S F, Gish W, Miller W, et al. 1990. Basic local alignment search tool. J Mol Biol, 215(3): 403-410.

Nowicki M, Bzhalava D, Bała P. 2018. Massively parallel implementation of sequence alignment with basic local alignment search tool using parallel computing in Java library. J Comput Biol, 25(8): 871-881.

实验71　序列特征分析
——以斑马鱼*vasa*基因为例

【实验目的】

（1）熟悉并掌握从基因组核酸序列中发现基因的方法。
（2）熟悉核酸序列基本性质的分析方法。
（3）熟悉基因预测软件的使用。
（4）熟悉蛋白质序列特征的分析方法。

【实验原理】

分析DNA、RNA和蛋白质分子的序列特征，有助于从分子层面理解和认识分子生物学中的许多基本问题，如基因的结构特点和表达调控信息、RNA分子序列与结构之间的关联及其功能、DNA与蛋白质分子之间的编码关系，为进一步研究蛋白质功能与结构之间的关系提供理论依据。

1. DNA序列特征分析

DNA序列特征分析包括基本信息分析和特征信息分析。基本信息分析包括序列组分分析、序列转换、限制性内切酶位点分析；特征信息分析主要包括可读框分析、密码子使用偏好分析、启动子及转录因子结合位点分析和CpG岛识别分析等。本实验主要介绍预测核酸序列可读框的方法。

ORF识别及其可靠性验证：可读框（open reading frame，ORF）是指生物个体的基因组中，可能是蛋白质编码序列的部分。mRNA需要翻译为蛋白质并发挥其生物学功能，因而核酸序列可读框的分析为核酸分析的一个重要内容。DNA序列可以按6种框架阅读和翻译（每条链3种，对应3种不同的起始密码子）。ORF识别包括检测这6个阅读框架，并决定哪一个包含以启动子和终止子为界限的DNA序列而其内部不包含启动子或密码子，符合这些条件的序列有可能对应一个真正的单一的基因产物。

原核与真核生物ORF的区别：原核生物编码区只含有一个单独的ORF，真核生物编码区被内含子分隔成若干个不连续的外显子；真核生物基因的编码区分析需要正确识别内含子和外显子的边界。在分析真核生物基因ORF过程中，科扎克（Kozak）规则（基于已知数据的统计结果）可以为我们提供重要参考。

对于ORF的可靠性验证，可以通过确定ORF的密码子是否与那些用于同一生物其他基因中的密码子一致进行分析；也可以用比对法，将所预测的ORF翻译成氨基酸序列，然后将结果序列与现有数据库进行blastp比对，如果发现一个或多个相似的序列，则所预测ORF的可信度就比较高。

ORF分析工具较多，如ORF Finder、GENSCAN和FGENESH等软件。

2. 蛋白质序列特征分析

蛋白质序列特征分析也包括基本信息分析和特征信息分析。基本信息分析包括对分子质量、等电点、氨基酸组成、亲水性和疏水性等性质的分析。ExPASy提供一系列的针对蛋白质理化性质的工具，以便于检索未知蛋白质的理化性质，并基于这些理化性质鉴定未知蛋白质的类别，为后续实验提供帮助。例如，可以进行蛋白质氨基酸组成分析的AACompIdent，可以进行蛋白质基本物理化学参数计算的ProtParam，可以进行氨基酸亲水性/疏水性分析的ProtScale等。

蛋白质特征信息分析主要针对蛋白质序列中的跨膜区和信号肽等进行分析。

1）蛋白质的跨膜区分析　　蛋白质序列含有跨膜区，提示它可能作为膜受体起作用，也可能是定位于膜的锚定蛋白或者离子通道蛋白等，含有跨膜区的蛋白质往往和细胞的功能状态密切相关。仅有少数膜蛋白的结构通过实验可被测得，因此从理论上预测这类蛋白质的结构具有非常重要的意义。

2）蛋白质的信号肽分析　　信号肽是指新合成多肽链中用于指导蛋白质跨膜转运的末端（通常为N端）的氨基酸序列。信号肽中至少含有一个带正电荷的氨基酸，中部有一个高度疏水区以通过细胞膜。那些分布在内质网中的蛋白质，除序列N端具有信号肽外，在C端具有4个氨基酸组成的"KDEL"（Lys-Asp-Gln-Leu）特征片段。有的膜蛋白没有信号肽，但是其分子中的第一个跨膜结构域具有与信号肽相似的功能。

【实验用品】

计算机（联网）、基因预测相关工具、蛋白质序列特征分析工具等。

【实验步骤】

1. 利用GENSCAN软件进行ORF识别

GENSCAN（http://hollywood.mit.edu/GENSCAN.html）软件由斯坦福大学开发，它是针对基因组DNA序列预测ORF及基因结构信息的开放式在线资源，尤其适用于脊椎动物、拟南芥和玉米等真核生物。

以斑马鱼*vasa*基因的全长DNA序列（检索号为AF461759.1）为例，进入GENSCAN页面，先选择物种脊椎动物（"Vertebrate"），判断阈值为"1.00"，序列名称填写"vasa AF461759.1"，预测选项选择"Predicted peptides only"，上传序列文件或直接粘贴序列，点击"Run GENSCAN"运行，该软件界面如图71-1所示，分析结果见图71-2，显示该序列被预测出的15个最优外显子的信息，还有若干预测的次优外显子。

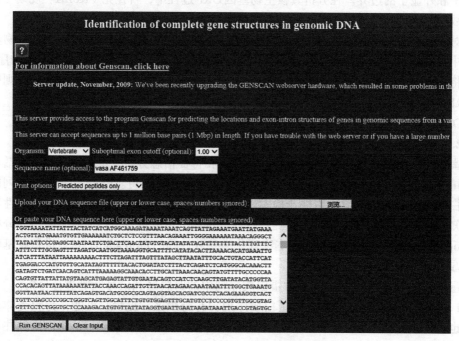

图71-1　GENSCAN在线分析界面

主要参数如下。

Gn.Ex：gene number，exon number（for reference）（基因数目、外显子数目）。

Type：Init＝Initial exon（ATG to 5′ splice site）（外显子类型：初始外显子）。

Intr＝Internal exon（3′ splice site to 5′ splice site）（内部外显子）。

Term＝Terminal exon（3′ splice site to stop codon）（终止外显子）。

Sngl＝Single-exon gene（ATG to stop）（单个外显子）。

Prom＝Promoter（TATA box/initation site）（启动子）。

PlyA＝poly-A signal（consensus：AATAAA）（终止子）。

S：DNA strand（＋＝input strand；-＝opposite strand）（DNA正链/负链）。

Begin：beginning of exon or signal（numbered on input strand）（起始位点）。

End：end point of exon or signal（numbered on input strand）（结束位点）。

Len：length of exon or signal（bp）（预测长度）。

Fr：reading frame（a forward strand codon ending at x has frame x mod 3）（读码框）。

Ph：net phase of exon（exon length modulo 3）（外显子相位）。

I/Ac：initiation signal or 3′ splice site score（tenth bit units）（3′剪接位点分值）。

Do/T：5′ splice site or termination signal score（tenth bit units）（5′剪接位点分值）。

CodRg：coding region score（tenth bit units）（编码区打分值）。

P：probability of exon（sum over all parses containing exon）（可信概率）。

Tscr：exon score（depends on length，I/Ac，Do/T and CodRg scores）（总分值）。

```
Predicted genes/exons:


Gn.Ex Type S .Begin ...End .Len Fr Ph I/Ac Do/T CodRg P.... Tscr..
----- ---- - ------ ------ ---- -- -- ---- ---- ----- ----- -----

1.01 Intr +   5339  5482  144  2  0   54    3   228 0.467   9.38

1.02 Intr + 10961 11070  110  2  2   50   80   121 0.784   6.51

1.03 Intr + 11154 11228   75  1  0  104   12    88 0.678   1.37

1.04 Intr + 11468 11494   27  0  0  134   45    56 0.887   3.07

1.05 Intr + 11578 11652   75  2  0  116   14    99 0.871   3.87

1.06 Intr + 11922 11948   27  1  0  112   60    51 0.785   1.87

1.07 Intr + 13849 13893   45  2  0   64   80    80 0.821   2.26

1.08 Intr + 14228 14370  143  0  2   95  115   153 0.993  17.85

1.09 Intr + 15225 15352  128  2  2   93   53   110 0.467   6.56

1.10 Intr + 17159 17350  192  2  0    4    4   198 0.334   0.69

1.11 Intr + 17514 17659  146  0  2   40  109   132 0.876   9.51

1.12 Intr + 18284 18383  100  0  1   88   26    78 0.942  -0.15

1.13 Intr + 18466 18736  271  1  1   78   -3   338 0.184  20.32

1.14 Intr + 20345 20452  108  1  0   39   91   139 0.489   8.86

1.15 Term + 24104 24310  207  1  0   23   38   157 0.071   0.56

1.16 PlyA + 24465 24470    6                          1.05
```

图71-2　AF461759.1序列分析结果

GenBank数据库给出的AF461759.1序列编码区信息如下：CDS join（2030—2053，2383—2413，7477—7524，9330—9362，9910—9960，10093—10146，11044—11070，

11154—11228，11468—11494，11578—11652，11800—11838，11922—11948，12029—12079，12237—12278，13721—13756，13849—13893，14228—14370，14905—15057，15198—15352，16943—17072，17184—17350，17514—17659，18284—18383，18466—18736，20345—20452，22107—22196）。

　　将预测结果和GenBank CDS信息进行对比，发现有13个外显子匹配，有个别外显子的3′端或5′端位置预测出现偏差。另外，GENSCAN还有2个GenBank中不存在的外显子，GenBank中多出12个外显子与GENSCAN软件预测的次优外显子匹配。对比结果的差异主要与GENSCAN软件特性相关。因此，在进行ORF识别时最好多利用相关软件综合预测，相互验证结果的可靠性。

2. 利用TMpred进行蛋白质跨膜区分析

　　TMpred（http://www.ch.embnet.org/software/TMPRED_form.html）是EMBnet开发的一个分析蛋白质跨膜区的在线工具，TMpred基于对TMbase数据库的统计分析来预测蛋白质跨膜区和跨膜方向。以斑马鱼SMO（是Hh信号通路的主要组分，直接调控蛋白激酶A活性，参与早期胚胎发育）蛋白的氨基酸序列（检索号为AAK83380.1）为例。从NCBI下载此蛋白质序列并用TMpred进行分析，选择预测时采用的跨膜螺旋疏水区的最小长度和最大长度分别为17和33。TMpred输出结果包括跨膜螺旋区、相关性列表、建议的跨膜拓扑模型及图形显示结果。该蛋白质序列可能有9个由膜内到膜外（inside to outside）的跨膜螺旋区（图71-3），分别是6—26、93—112、213—233、241—260、296—318、338—356、380—399、433—451和494—514；由膜外到膜内（outside to inside）的跨膜螺旋有9个，分别是11—31、92—110、214—233、241—261、295—318、341—360、380—399、431—451和501—524。另外，图71-3中还给出了每个跨膜螺旋的得分及中心位点，得分均大于500时，跨膜螺旋才有意义。从图71-4中可以看出从内到外的跨膜有

```
1.) Possible transmembrane helices
==================================
The sequence positions in brackets denominate the core region.
Only scores above  500 are considered significant.

Inside to outside helices :   9 found
     from           to     score center
     6 (    8)  26 (  26)    2171    16
    93 (   93) 112 ( 112)     180   103
   213 (  213) 233 ( 233)    2307   222
   241 (  241) 260 ( 260)    2178   251
   296 (  296) 318 ( 314)    2198   304
   338 (  338) 356 ( 356)    1707   347
   380 (  382) 399 ( 399)    2033   391
   433 (  433) 451 ( 449)    2723   441
   494 (  494) 514 ( 514)    1582   504

Outside to inside helices :   9 found
     from           to     score center
    11 (   13)  31 (  29)    1329    21
    92 (   92) 110 ( 110)     157   100
   214 (  214) 233 ( 233)    2231   222
   241 (  243) 261 ( 261)    1975   252
   295 (  298) 318 ( 314)    2437   306
   341 (  341) 360 ( 358)    1431   350
   380 (  382) 399 ( 399)    2321   390
   431 (  433) 451 ( 451)    2742   441
   501 (  501) 524 ( 517)    1399   509
```

图71-3　SMO蛋白中可能的跨膜螺旋区

```
2.) Table of correspondences
==============================
Here is shown, which of the inside->outside helices correspond
to which of the outside->inside helices.
  Helices shown in brackets are considered insignificant.
  A "+" symbol indicates a preference of this orientation.
  A "++" symbol indicates a strong preference of this orientation.

        inside->outside |  outside->inside
   6-  26 (21) 2171 ++  |   11-  31 (21) 1329
(  93- 112 (20)  180  ) | (  92- 110 (19)  157  )
 213- 233 (21) 2307    |  214- 233 (20) 2231
 241- 260 (20) 2178 ++ |  241- 261 (21) 1975
 296- 318 (23) 2198    |  295- 318 (24) 2437 ++
 338- 356 (19) 1707 ++ |  341- 360 (20) 1431
 380- 399 (20) 2033    |  380- 399 (20) 2321 ++
 433- 451 (19) 2723    |  431- 451 (21) 2742
 494- 514 (21) 1582  + |  501- 524 (24) 1399
```

图71-4　SMO蛋白中可能的跨膜螺旋区的相关性列表

4处（6—26、241—260、338—356、494—514）的得分明显高于从外到内的得分，表现出很强的从内到外趋势。从内到外的总得分是17079，而从外到内的总得分是16022，因此给出了建议的模型，通过软件分析得出该蛋白质的跨膜是从内到外，再从外到内依次排列的8次跨膜（图71-5）。TMpred软件对序列可能跨膜螺旋区的图形显示结果如图71-6所示。

```
3.) Suggested models for transmembrane topology
================================================
These suggestions are purely speculative and should be used with
EXTREME CAUTION since they are based on the assumption that
all transmembrane helices have been found.
In most cases, the Correspondence Table shown above or the
prediction plot that is also created should be used for the
topology assignment of unknown proteins.

2 possible models considered, only significant TM-segments used

-----> STRONGLY prefered model: N-terminus inside
 8 strong transmembrane helices, total score : 17167
 # from   to length score orientation
 1    6   26 (21)   2171 i-o
 2  214  233 (20)   2231 o-i
 3  241  260 (20)   2178 i-o
 4  295  318 (24)   2437 o-i
 5  338  356 (19)   1707 i-o
 6  380  399 (20)   2321 o-i
 7  433  451 (19)   2723 i-o
 8  501  524 (24)   1399 o-i

-----> alternative model
 8 strong transmembrane helices, total score : 15597
 # from   to length score orientation
 1   11   31 (21)   1329 o-i
 2  213  233 (21)   2307 i-o
 3  241  261 (21)   1975 o-i
 4  296  318 (23)   2198 i-o
 5  341  360 (20)   1431 o-i
 6  380  399 (20)   2033 i-o
 7  431  451 (21)   2742 o-i
 8  494  514 (21)   1582 i-o
```

图71-5　可能的跨膜螺旋区的跨膜拓扑模型

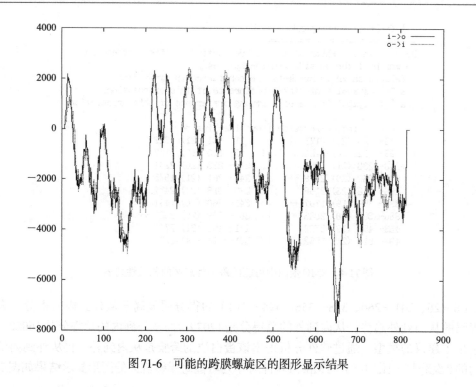

图71-6　可能的跨膜螺旋区的图形显示结果

　　其他跨膜预测工具的应用与TMpred类似，可以采用多种工具分析，然后进行比较，选择一个比较满意的结果。

3. 利用SignalP进行蛋白质信号肽预测

　　SignalP（https://services.healthtech.dtu.dk/service.php?SignalP-5.0）是丹麦技术大学的生物序列分析中心开发的信号肽及其剪切位点检测的在线工具。SignalP可预测多种生物体（包括革兰氏阴性原核生物、革兰氏阳性原核生物及真核生物）的氨基酸序列信号肽剪切位点的有无及出现的位置。

　　下面以斑马鱼FGF蛋白（fibroblast growth factor，成纤维细胞生长因子，在斑马鱼胚胎发育过程参与多个器官的发育调控）序列（检索号为NP_571366.1）为例，介绍SignalP 5.0的应用。从UniProtKB/Swiss-Prot数据库中还可以找到经实验验证的该蛋白质的信号肽位点信息。图71-7中显示的预测结果中共包括三个分值，分别是C分值（C-score）、S分值（S-score）和Y分值（Y-score），其中S分值用于预测提交序列中的信号肽剪切位点（cleavage site），即成熟蛋白和信号肽的分界点。剪切位置前的信号肽有高的分值，低分值的氨基酸被认为是成熟蛋白的部分。C分值代表的是信号肽剪切位点的得分。因此高的分值位置代表信号肽剪切位点的位置。Y分值是综合C分值和S分值后的分值，它可以明确显示哪个位点具有高C分值同时又是S分值由高到低的位置。

　　在图71-7中的结果中，最大S值0.976位于第9个氨基酸，最大C值0.666出现在第19个氨基酸，最大Y值0.790也出现在第19个氨基酸。此外，结果中还有mean S和D两个指标。Mean S是从N端氨基酸开始到最大Y值氨基酸之间所有氨基酸S值的平均值，即1—19氨基酸S值的平均值为0.932。Mean S是区分分泌蛋白和非分泌蛋白的重要指标。D分值是mean S值与最大Y值的平均值，是区分预测序列是否是信号肽的重要指标。本例中

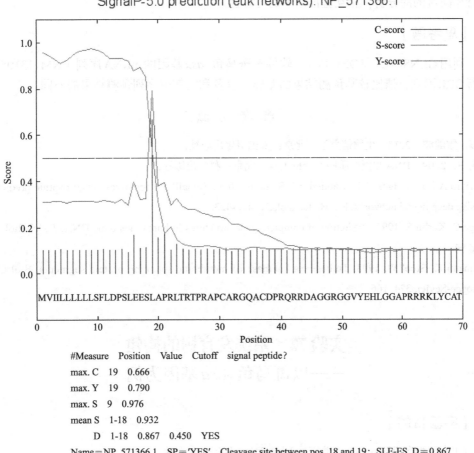

#Measure Position Value Cutoff signal peptide?

max. C　19　0.666

max. Y　19　0.790

max. S　9　0.976

mean S　1-18　0.932

D　1-18　0.867　0.450　YES

Name＝NP_571366.1　SP＝'YES'　Cleavage site between pos. 18 and 19：SLE-ES　D＝0.867

图71-7　用SignalP 5.0分析NP_571366.1序列信号肽的结果

"Signal-5.0 prediction（euk networks）"表示用SignalP-5.0软件对脊椎动物蛋白质序列（NP_571366.1）信号肽的预测结果（基于神经网络算法）；"C-score"表示剪切位点分值（C分值）；"S-score"表示信号肽分值（S分值）；"Y-score"表示综合剪切点分值（Y分值）；"Measure"表示测量参数；"Position"表示位置；"Value"表示测量值；"Cutoff"表示截断值；"signal peptide？"表示是否为信号肽；"max.C"表示最大C值；"max.Y"表示最大Y值；"max.S"表示最大S值；"mean S"表示S值的平均值；"D"是mean S值与最大Y值的平均值；"Name＝NP_571366.1"表示预测序列名称为NP_571366.1；"SP＝'YES'"表示这是一条信号肽；"Cleavage site between pos. 18 and 19: SLE-ES"表示序列可能的剪切点在18号和19号残基之间

氨基酸序列的D值为0.867，表明该蛋白质属于信号肽。结果中还给出了序列的剪切位点在第18和19个氨基酸之间，即SLE-ES。

【实验报告】

根据实验步骤所提示的方法，对斑马鱼补体调节因子*CFI*基因进行基因预测分析，并对其编码蛋白进行蛋白质基本特性分析。

【注意事项】

序列特征信息的分析可能会因为软件不同而带来一些结果差异，建议使用不同软件进行相同目的的分析，相互验证结果的可靠性。

【思考题】

利用GENSCAN和ORF Finder软件对斑马鱼*vasa*基因的mRNA序列（NM_131057.1）进行ORF识别，请比较其预测结果的差异，以及和实例中序列预测结果的不同。

参 考 文 献

李霞，雷健波. 2015. 生物信息学. 北京：人民卫生出版社.

薛庆中. 2009. DNA和蛋白质序列分析工具. 北京：科学出版社.

Almagro A J J, Tsirigos K D, Sønderby C K, et al. 2019. SignalP 5.0 improves signal peptide predictions using deep neural networks. Nat Biotechnol, 37: 420-423.

Burge C, Karlin S. 1997. Prediction of complete gene structures in human genomic DNA. J Mol Biol, 268: 78-94.

Hofmann K, Stoel W. 1993. Tmbase—a database of membrane spanning protein segments. Biol Chem Hoppe-Seyler, 374: 166.

实验72　系统发育树的构建
——以斑马鱼*vasa*基因为例

【实验目的】

（1）掌握使用Clustal X进行序列多重比对的操作方法。

（2）熟悉构建系统发育树的基本过程，掌握使用MEGA软件构建系统发育树的操作方法。

（3）进一步熟练BLAST的使用。

【实验原理】

分子进化已经成为生物进化研究的重点。进化主要基于基因突变，突变的基因或DNA序列产生新的形态或功能性状，最终在物种间得以固定并传递给其所有后代。从物种分子特征出发，了解物种之间生物系统发生的关系，通过核酸与蛋白质序列的同源性比较进而了解基因的进化及生物系统发生的内在规律。

系统发育学研究的是任何分类单元的起源与进化关系，系统发育分析就是要推断或者评估这些进化关系。系统发育分析是通过多序列比对，研究一组相关的基因或者蛋白质，推断和评估不同基因间的进化关系。在研究生物进化和系统分类中，常用类似树状分支的图形来概括各种生物之间的亲缘关系，称之为系统发育树（phylogenetic tree）。

对于一个完整的系统发育树进行分析需要以下步骤。

（1）选择合适的分子序列。

（2）对多条序列进行多序列比对。

（3）选择合适的建树方法构建系统发育树。

（4）对系统发育树进行评估。

1. 多序列比对

多序列比对是系统发育分析中的一个基础步骤和关键环节。多序列比对的结果直接影响序列比对分析结果，而且这种影响远大于应用不同的系统发育分析方法造成的影响。进行系统发育树的构建，根据二级或三级结构进行比对比直接利用一级序列进行比对的可信度要高。因为在同源性评估中，人们一直认为复杂结构的保守性高于简单特征（核苷酸、氨基酸）的同源保守性。而且，立足于复杂结构的比对程序还可以搜索到一些特殊的关联位点，这些位点是进化的功能区域。多序列比对常用的软件包括Clustal W/X（Clustal X是PC版本）、MUSCLE、MAFFT等，三者的准确性相当，但计算时间依次减少。

2. 构建系统发育树的方法

利用生物大分子数据重建系统发育树，目前最常用的有4种方法，即距离法、最大简约法（maximum parsimony）、最大似然法（maximum likelihood）和贝叶斯法。最大简约法主要适用于序列相似性很高的情况；距离法在序列具有比较高的相似性时适用；最大似然法和贝叶斯法可用于任何相关的数据序列集合。从计算速度来看，距离法的计算速度最快，其次是最大简约法和贝叶斯法，然后是最大似然法。

常用的分子系统学软件包括PHYLIP、PAUP、MEGA、TREE-PUZZLE、MrBayes、PhyML等。

（1）PHYLIP：phylogeny inference package，是一个推断系统发育或进化树的软件包，功能极其强大，主要程序组包括分子序列组，有蛋白质序列组如ptotpars、proml，核苷酸序列组如dnapenny、dnapars；距离矩阵组，如fitch、kitsch、neighbor；基因频率组，如gendist、contrast、contml；离散字符组，如pars、mix、penny；进化树绘制组，如drawgram、drawtree、consense。

（2）PAUP：phylogenetic analysis using parsimony，为系统发育分析提供一个简单的、带有菜单界面的、拥有多种功能（包括进化树图）的程序。PAUP4.0具有针对核苷酸数据进行与距离方法和最大似然法（ML）相关的分析功能。

（3）MEGA：molecular evolutionary genetics analysis，主要功能模块包括通过网络进行数据的搜索、遗传距离的估计、多序列比对、系统发育树的构建和进化假说检验等。

（4）TREE-PUZZLE：采用最大似然法构建系统发育树。

（5）MrBayes：采用贝叶斯方法进行系统发育树构建。

（6）PhyML：根据最大似然法原理，采用更加简便的爬山算法来同时估计树的拓扑结构和树的分枝长。

3. 系统发育树的评估

在用不同的距离矩阵法与简约法分析一个数据集时，如果能产生相似的系统发育树，则认为此种建树方法是可靠的。通常用Bootstrap（自展法）进行检验所计算的进化树分支的可信度。Bootstrap值是指根据所选的统计计算模型，设定初始值1000次，就是把序列的位点都重排，重排后的序列再用相同的办法构树。通过自展后，一致性如果大于70%，则认为构建的进化树较为可靠。如果值太低，则说明进化树的拓扑结构可能有错误，进化树是不可靠的。

【实验用品】

计算机（联网）、多序列比对软件、系统发育树构建工具。

【实验步骤】

本部分将以不同物种的 *vasa* 基因为例，利用 MEGA7 工具中的 Clustal W 功能进行多序列比对，并依据多序列比对的结果构建系统发育树。

1. 序列获取

12种脊椎动物 *vasa* 基因编码的氨基酸序列用 NCBI 蛋白质数据库检索获取，检索号见表72-1。在NCBI获取的氨基酸序列按照FASTA格式保存到新建的纯文本文件中，然后将纯文本文件修改为 "vasa.fasta"。

表72-1　12种脊椎动物 *vasa* 基因编码的氨基酸序列

种类	中文名称	拉丁学名	蛋白质检索号
鱼类动物	虹鳟	*Oncorhynchus mykiss*	NP_001117665.1
	鲫	*Carassius auratus*	XP_026074942.1
	鲤	*Cyprinus carpio*	AAL87139.2
	斑马鱼	*Danio rerio*	NP_571132.1
	犀角金线鲃	*Sinocyclocheilus rhinocerous*	XP_016377561.1
	泥鳅	*Misgurnus anguillicaudatus*	BAJ19133.1
两栖动物	三趾箱龟	*Terrapene carolina triunguis*	XP_026505033.1
	中华鳖	*Pelodiscus sinensis*	XP_025035454.1
哺乳动物	猕猴	*Macaca mulatta*	NP_001248246.1
	人	*Homo sapiens*	NP_077726.1
鸟类	原鸡	*Gallus gallus*	NP_990039.2
	鹌鹑	*Coturnix japonica*	XP_015704212.1

2. 使用MEGA7进行多序列比对

MEGA7软件的 "Alignment Explorer" 模块中包括了用于进行多序列比对的程序 "Clustal W"，利用该程序可以实现多序列比对。

打开MEGA软件，选择主窗口的 "File" → "Open A File" → 找到并打开FASTA文件，这时会询问以何种方式打开，本实验选用的是原始序列，需要先进行多序列比对，所以选择 "Align"。如果是进行多条序列比对可以直接选择 "Analyze"。

在打开的 "Alignment Explorer" 窗口中选择 "Alignment" "Align by Clustal W" 进行多序列比对（MEGA提供了 Clustal W 和 Muscle 两种多序列比对方法，皆可以选用），弹出窗口询问 "Nothing selected for alignment, Select all？"，选择 "OK"。弹出多序列比对参数设置窗口。可以设置替换记分矩阵、不同的空位罚分（罚分填写的是正数，计算时按负数计算）等参数。MEGA的所有默认参数经过反复考量设置，无特殊要求直接点击 "OK"，开始多条序列比对，如图72-1所示。

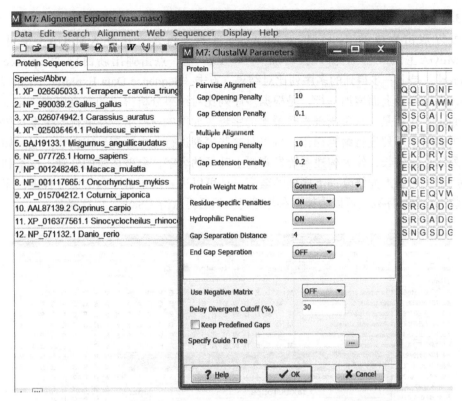

图72-1 在"Alignment Explorer"模块中进行Clustal W参数设置

比对过程是先进行双序列比对，再进行多序列比对，最后会出现一个多序列比对结果，如图72-2所示。在"Alignment Explorer"窗口中选择"Data"→"Export Alignment"→"MEGA Format"。这里一定选择"MEGA Format"以方便MEGA后续分析（其他格式适用于其他软件的分析），MEGA自动赋予".meg"后缀名，保存后弹出窗口，命名为"vasa alignment.meg"。

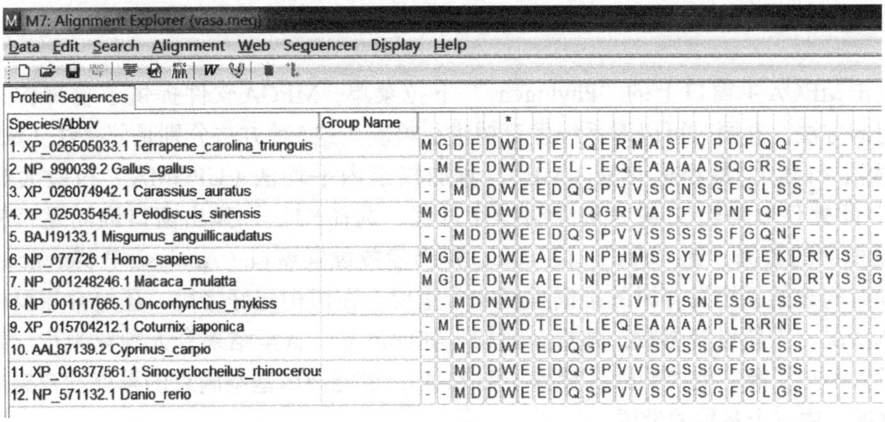

图72-2 通过Clustal W进行多序列比对的结果

3. 使用MEGA7进行系统发育树的构建

可以双击生成的"vasa alignment.meg"文件，将其直接导入MEGA（也可将其拖入MEGA主窗口）。主窗口会增加一个"TA"框，点击弹出新窗口"Sequence Data Explorer"，是上一步得到的多序列比对结果。点击"Sequence Data Explorer"上的"TA"按钮，多序列最上面增加一行，是根据多序列比对结果分析得出的共有序列（consensus sequence），也就是一列里出现次数最多的字母，如图72-3所示。在进行系统发育树的构建前可以对多序列进行编辑操作。可以对这些序列进行分组标记，或创建分组。如果输入序列的名字较长，作为构建系统发育树上叶子的名字，会破坏树的外观，也不利于信息的解读。可以人为修改一下序列的名字。还可以进一步了解序列的保守程度，序列里有一些不合群的序列，可以去掉不参与建树。然后再点击"Save"保存修改。

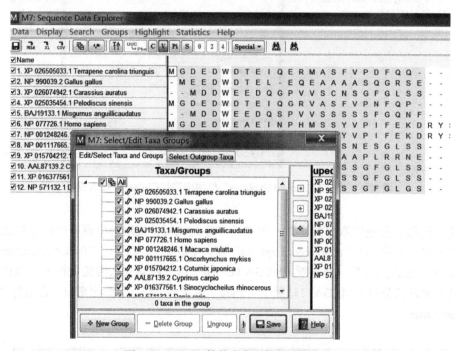

图72-3　MEGA软件多序列数据编辑窗口

点击MEGA主窗口上的"Phylogeny"下拉菜单，MEGA软件提供了物种构建系统发育树的方法，并同时可以对系统发育树进行检验。这5种方法分别是邻接法（NJ）、最大似然法（ML）、最小进化法（ME）、非加权组内平均法（UPGMA）和最大简约法（MP）。此处仅以构建NJ树为例介绍操作过程。选择NJ法，弹出窗口询问是否使用当前.meg里面的数据，选"Yes"。接下来，弹出参数设置窗口（Analysis Preferences）。参数设置对构建的系统发育树的准确程度非常重要。在树构建好之后，还经常需要根据树的具体情况，重新设置参数，并重新建树，如此反复，直至结果令人满意为止。如果对参数设置不很了解，就接受默认设置（图72-4），也能做出基本满意的系统发育树。但应至少掌握其中三个参数的设置。

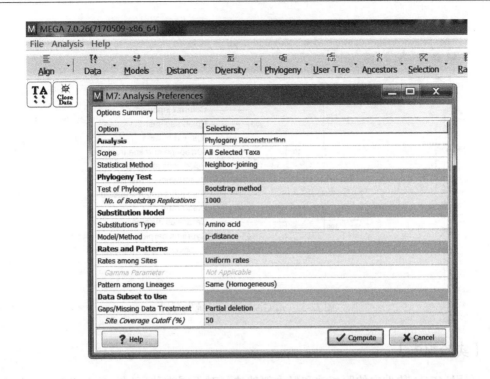

图72-4 MEGA中构建系统发育树参数设置窗口

（1）Test of Phylogeny（建树的检验方法）：用来检验建树质量。默认的检验方法是Bootstrap method（步长检验）。步长检验需要设定检验次数，通常为100的倍数，默认设置为500。

（2）Substitution Model：是选择计算遗传距离时使用的计算模型。一般要尝试各种模型，根据检验结果选择最合适的模型计算。实际操作中可尝试选用较简单的距离模型如p-distance。

（3）Gaps/Missing Data Treatment：大多数建树方法会要求删除多序列比对中含有空位较多的列。但根据遗传距离度量方法的不同，删除原则也不同。选用NJ法，可以选择Partial deletion（部分删除）。删除程度定在50%，即保留一半含有空位的列。

按照以上方案设置参数后，点击"Compute"按钮，开始构建系统发育树。经过计算之后，新窗口"Tree Explorer"展示的为创建好的系统发育树。这个窗口里有两个标签页。第一个是Original Tree（原始树），第二个是Bootstrap consensus tree（Bootstrap验证过的一致树）。在Bootstrap consensus tree上，节点处的数字表示Bootstrap检验中该树枝的可信度。

在得到了系统发育树后，双击序列名可以更改序列的名称。利用12种脊椎动物的*vasa*基因编码氨基酸序列构建的NJ树如图72-5所示。Original Tree是步长检验构建的500株树中的一株，未经过多棵树合并，所以树枝的长短可以精确地代表遗传距离。此外，从这株树也可以看出之前的人为分组情况是不是发生了意想不到的变化。例如，有的似乎脱离了分组，成为外类群，从而确定了树根。

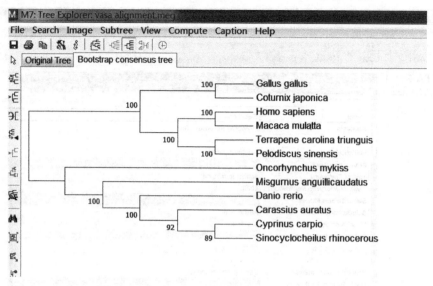

图 72-5　MEGA 构建的系统发育树

【实验报告】

利用 MEGA 软件中的距离法和极大似然法，对不同物种 *gcl*（germ cell-less）基因的 DNA 序列，以及编码的氨基酸序列进行系统发育树的构建。

【注意事项】

（1）基于某一个或一种 DNA 序列或蛋白质序列构建的系统发育树只能提供物种进化的部分信息，而不能完全代表物种进化的全过程。

（2）进化树构建可以用 DNA 序列或蛋白质序列，蛋白质的保守性会高一些，亲缘关系比较远时选用它。

【思考题】

（1）构建系统发育树基因树是重建物种间关系的必要途径。对于一群近缘物种的系统发生，或者高等级分类阶元上的若干类群的谱系关系分析时，在选择构建发育树的序列上有什么异同？

（2）用高相似序列构建发育树时会出现较低的自展值，有什么解决方法？

参 考 文 献

陈铭. 2018. 生物信息学. 3 版. 北京：科学出版社.

李霞，雷健波. 2015. 生物信息学. 北京：人民卫生出版社.

Kumar S, Stecher G, Tamura K. 2016. MEGA7: molecular evolutionary genetics analysis version 7.0 for bigger datasets. Mol Biol Evol, 33(7): 1870-1874.

Tamura K, Stecher G, Peterson D, et al. 2013. MEGA6: molecular evolutionary genetics analysis version 6.0. Mol Biol Evol, 30(12): 2725-2729.

实验73　转录组测序分析结题报告的解读

【实验目的】

（1）了解转录组生物信息分析结题报告的主要模块及每个模块需要关注的重点内容。

（2）理解结题报告中每项结果数据的意义。

（3）掌握从结题报告中快速找到研究结果的方法，以进行后续数据挖掘。

【实验原理】

随着测序成本的不断下降，转录组测序已然成为生物学及医学研究中一种不可或缺的技术手段。转录组测序通常数据量较大，分析过程比较复杂，很多程序的运行需要在专业的计算服务器上进行，过程中更会遇到各种各样的计算机领域的问题，数据分析门槛较高。大多数研究人员选择将数据分析同测序部分一样交给生物信息分析公司来完成，直接得到转录组生物信息分析结题报告和分析结果。但生物信息分析公司通常提供的都是标准化的分析流程，因此，面对动辄几百兆的结果文件，如何读懂报告内容，再从中挖掘出有价值的、与自己实验相关的重要研究结果是研究人员需要掌握的一项重要技能。本实验以两种鱼类（代码为PHJ和JLF1）卵巢转录组的有参生物信息分析结题报告为例，做一个详细的解读介绍。

【实验用品】

计算机、Microsoft Office等软件。

【实验步骤】

1. 结题报告的主要模块

转录组生物信息分析结题报告一般包括"建库测序流程""生物信息分析流程""结果展示及说明""备注"和"参考文献"5个模块。"建库测序流程"模块介绍了从RNA样品到数据获得之间的每一个实验环节及所用实验仪器。"生物信息分析流程"模块介绍了获得原始测序数据之后公司进行的生物信息分析（图73-1）。每一项分析的目的、原理及应得到的结果在"结果展示及说明"模块中都有详细介绍。"备注"模块则介绍了研究结果目录、使用的软件及其参数、方法的英文版本及结果文件类型。最后是"参考文献"模块，列举了分析方法和分析软件所引用的文献。

在这些模块中需要读懂"结果展示及说明"部分，然后结合文件目录找到想要的分析结果，最后在分析结果文件中筛选和挖掘我们想要的目的功能基因或通路。其他模块内容仅需了解，或撰写文章时在材料与方法（material and method）部分用得到。

2. 分析结果的理解和应用

每一项生物信息分析对应的结果文件存放位置如图73-2所示。接下来根据结题报告中的"结果展示及说明"部分对其进行一一解析。

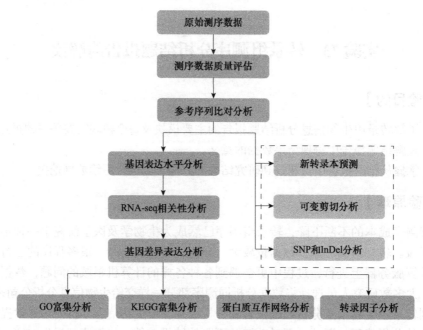

图73-1 有参生物信息分析流程

InDel. insertion-deletion；GO. Gene Ontology；KEGG. Kyoto Encyclopedia of Genes and Genomes

Directory Tree：文件夹目录

```
../P101SC18070066-01-B1-16_results
├── 0.SuppFiles
├── 1. Original Data: 原始测序数据（FASTQ格式）
├── 2. QC: 测序数据质量评估
│   ├── 2.1. ErrorRate: 测序错误率分布检查
│   ├── 2.2. GC: A/G/C/T含量分布检查
│   ├── 2.3. ReadsClassification: 测序数据过滤（clean reads、低质量、含N等所占比例）
│   └── 2.4. DataTable: 测序数据质量情况汇总（raw、clean、Q20、Q30、GC等）
├── 3.Mapping
│   ├── 3.1. MapStat: 比对率统计表
│   ├── 3.2. MapReg: reads在参考基因组不同区域的分布情况（reads比对到外显子、内含子、基因间区比例）
│   ├── 3.3. ChrDen: reads在染色体上的密度分布情况（密度、数量）图
│   └── 3.4. IGV: reads比对结果可视化
├── 4. AS: 可变剪切分析
│   └── PHJvsJLF1
├── 5. NovelGene: 新转录本预测
├── 6. SNP: SNP和InDel分析（插入删除分析）
├── 7. GeneExprQuatification: 基因表达水平分析
│   ├── 7.1. GeneExprQuatification: 基因表达水平分析
│   └── 7.2. GeneExpContrast: 基因表达水平对比
├── 8. AdvancedQC: RNA-seq整体质量评估
│   └── 8.1. Correlation: RNA-seq相关性分析
├── 9. DiffExprAnalysis: 差异表达分析
│   ├── 9.1. DEGsList: 差异表达基因列表（分为全部、上调、下调）
│   ├── 9.2. DEGsFilter: 差异表达基因筛选
│   ├── 9.3. DEGcluster: 差异基因聚类分析
│   │   └── Subcluster
│   └── 9.4. VennDiagram: 差异基因维恩图
├── 10. DEG_GOEnrichment: 差异基因GO富集分析
│   ├── 10.1. DEG_GOList: 差异基因GO富集列表
│   ├── 10.2. DAG: 差异基因GO富集DAG图
│   └── 10.3. BAR: 差异基因GO富集柱状图
├── 11. DEG_KEGGEnrichment: 差异基因KEGG富集分析
│   ├── 11.1. DEG_KEGGList: 差异基因KEGG富集列表
│   ├── 11.2. DEG_KEGGScat: 差异基因KEGG富集散点图
│   └── 11.3. DEG_KEGGPath: 富集KEGG代谢通路图
│       ├── ALL
│       ├── DOWN
│       └── UP
├── 12. DEG_PPI: 蛋白质互作网络分析
└── 13. DEG_Trans_Factor: 差异基因的转录因子分析
```

图73-2 有参生物信息分析结果文件目录

1）原始测序数据 结题报告"结果展示及说明"模块的第一部分即原始测序数据，介绍了FASTQ序列格式和序列ID组成。需要注意的是，分析结果"Original Data"文件夹中存放的"*.example.fq.txt"文件仅为截取的部分原始测序数据，而完整的原始测序数据因文件过大而不会置于分析结果文件内，一般会被另外存储于名为"rawdata"的文件夹中。

2）测序数据质量评估 第二部分为测序数据质量评估，一般包括测序错误率分布图、碱基含量分布图、测序数据过滤分布图［高质量读长（clean reads）、低质量读长、含N读长等所占比例］（图73-3）和测序数据质量情况汇总表格［每个样本数据量、读长（reads）数、错误率、Q20、Q30指标和G＋C含量］（图73-4）。图片一般包括".png"和".pdf"两种格式：前者为位图图像，方便查看；后者为矢量图，更利于编辑，可用于文章发表等。数据量（base）的大小与测序质量的好坏是评判测序数据可靠性的重要标准。对于绝大部分物种来说，转录组测序6G数据量已足够，若想获得更多低丰度基因的信息，可适当增加测序数据量。

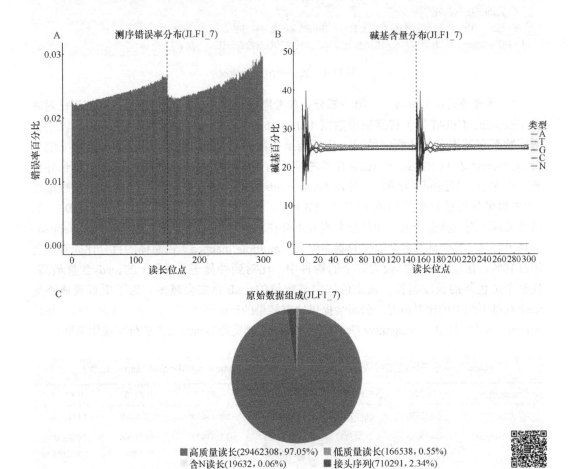

图73-3 测序数据过滤分析结果

A. 测序错误率分布图；B. G＋C含量分布图；C. 原始数据组成

数据产出质量情况一览表

Sample name	Raw reads	Clean reads	Clean bases	Error rate/%	Q20/%	Q30/%	G＋C content/%
PHJ7	71103572	69672536	10.45G	0.02	98.19	94.96	48.97
PHJ8	68195972	66862654	10.03G	0.03	97.44	93.14	49.10
PHJ9	54746886	53529812	8.03G	0.02	98.18	94.99	49.17
JLF1_7	60717538	58924616	8.84G	0.02	98.11	94.78	49.24
JLF1_8	69264652	67070840	10.06G	0.02	97.96	94.38	48.25
JLF1_11	62890590	61212184	9.18G	0.02	98.01	94.50	48.25

数据质量情况详细内容如下。

（1）Sample name：样品名称

（2）Raw reads：统计原始序列数据，以4行为一个单位，统计每个文件的测序序列的个数

（3）Clean reads：计算方法同 Raw reads，只是统计的文件为过滤后的测序数据。后续的生物信息分析都是基于 Clean reads

（4）Clean bases：Clean reads的个数乘以长度，并转化为以G为单位

（5）Error rate：碱基错误率

（6）Q20、Q30：分别计算Phred数值大于20、30的碱基占总体碱基的百分比

（7）G＋C content：计算碱基G和C的数量总和占总的碱基数量的百分比

图73-4　数据产出质量情况

3）参考序列比对分析　　第三部分为参考序列比对（mapping）分析，即利用比对软件（Bowtie、HISAT等）将高质量数据（clean data）中的reads进行基因组定位，以获得测序数据在基因组上的覆盖情况。分析结果一般包括reads与参考基因组比对情况统计（比对率统计表）（图73-5）、reads在参考基因组不同区域的分布饼图（reads比对到外显子、内含子、基因间区比例）（图73-6A）、reads在染色体上分布情况的密度图和数量图（图中最多只展示15条染色体）（图73-6B和C）和reads比对结果可视化（图73-6D）。如果参考基因组选择得合适，而且相关实验不存在污染，正常情况下比对率（total mapped）会高于70%，其中具有多个定位的测序序列（multiple mapped）占总体的百分比通常不会超过10%。在基因组注释较为完全的物种中，比对到外显子（exon）的reads含量最高，且整个染色体的长度越长，该染色体内部定位的reads总数会越多。为了更直观地感受reads在基因组中的比对情况，公司会提供比对结果的bam格式文件，置于名为"IGV data"文件夹，可使用IGV（Integrative Genomics Viewer）浏览器对bam文件进行可视化浏览。

reads与参考基因组比对情况一览表（见结果文件：Mapping/MapStat/MapStat.xls）

Sample name	PHJ7	PHJ8	PHJ9	JLF1_7	JLF1_8	JLF1_11
Total reads	69672536	66862654	53529812	58924616	67070840	61212184
Total mapped	61450666 （88.2%）	58347337 （87.26%）	47082163 （87.96%）	35581993 （60.39%）	39627256 （59.08%）	36896913 （60.28%）
Multiple mapped	1841966 （2.64%）	1791338 （2.68%）	1368785 （2.56%）	976152 （1.66%）	1109344 （1.65%）	1055266 （1.72%）

图73-5　reads与参考基因组比对情况

Sample name	PHJ7	PHJ8	PHJ9	JLF1_7	JLF1_8	JLF1_11
Uniquely mapped	59608700（85.56%）	56555999（84.59%）	45713378（85.4%）	34605841（58.73%）	38517912（57.43%）	35841647（58.55%）
Reads map to '＋'	29797614（42.77%）	28263133（42.27%）	22849148（42.68%）	17311356（29.38%）	19269764（28.73%）	17931468（29.29%）
Reads map to '－'	29811086（42.79%）	28292866（42.31%）	22864230（42.71%）	17294485（29.35%）	19248148（28.7%）	17910179（29.26%）

比对结果统计详细内容如下。

（1）Sample name：样品名称

（2）Total reads：测序序列经过测序数据过滤后的数量统计（clean data）

（3）Total mapped：能定位到基因组上的测序序列数量的统计；一般情况下，如果不存在污染并且参考基因组选择
合适的情况下，这部分数据的百分比大于70%

（4）Multiple mapped：在参考序列上有多个比对位置的测序序列的数量统计；这部分数据的百分比一般会小于10%

（5）Uniquely mapped：在参考序列上有唯一比对位置的测序序列的数量统计

（6）Reads map to '＋', Reads map to '－'：测序序列比对到基因组上正链和负链的统计

图73-5　reads与参考基因组比对情况（续）

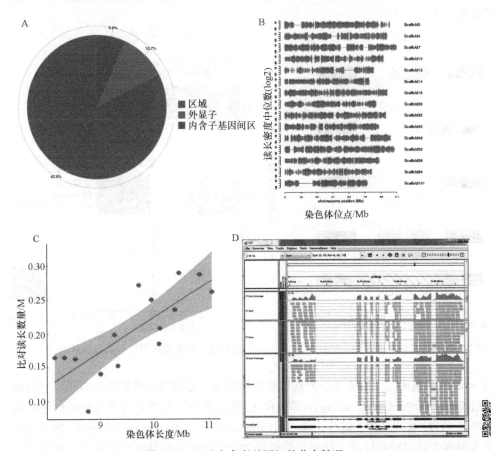

图73-6　reads在参考基因组的分布情况

A. reads在参考基因组不同区域的分布情况（JLF_7）；B. reads在染色体上的密度分布图（JLF_7）；

C. reads在染色体上的数量分布图（JLF_7）；D. IGV浏览器界面，为电脑截图，只为示意

4）可变剪接分析　　第四部分为可变剪接（alternative splicing，AS）分析。有些基因转录成的mRNA前体按不同的方式剪切，产生出两种或更多种mRNA，即可变剪接。可变剪接可以使一个基因在不同时间、不同环境中翻译出不同的蛋白质，进而增加其生理状况下系统的复杂性或适应性。本案例报告中使用rMATS（http://rnaseq-mats.sourceforge.net/index.html）——一款专门利用转录组测序数据分析差异可变剪接的软件进行分析。

该软件将可变剪接事件分为了5类，包括外显子跳跃（skipped exon，SE）、外显子选择性跳跃（mutually exclusive exon，MXE）、第一个外显子可变剪接（alternative 5′ splice site，A5SS）、最后一个外显子可变剪接（alternative 3′ splice site，A3SS）和内含子滞留（retained intron，RI）（图73-7）。以每个进行差异可变剪接分析的比较组（本案例中的PHJ和JLF1）为单位，统计发生的可变剪接事件的种类及数量，计算每类可变剪接事件表达量并进行差异分析。在定量过程中，rMATS采取了两种定量方式——"Junction Count only"和"Reads on target and junction counts"，区别在于"Junction Count only"定量剔除了那些全部比对至Alternatively spliced exon（可变剪接外显子）的reads。分析结果包括两种定量方式的可变剪接事件分类和数量统计（图73-8）及可变剪接事件结构和表达量统计（表73-1），可以根据测序物种的特点选择相应的结果文件（图73-9），筛选有价值的可变剪接事件进行后续研究。

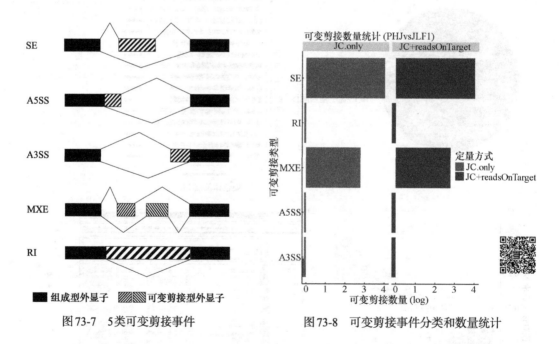

图73-7　5类可变剪接事件

图73-8　可变剪接事件分类和数量统计

5）新转录本预测　　第五部分为新转录本的预测。根据测序数据的比对结果进行有参转录组组装（用Cufflinks、StringTie等软件），然后将组装结果与参考基因组的已有基因注释信息（GTF格式文件）进行比较（用Cuffcompare、Gffcompare等软件），即可进行新转录本预测和基因结构优化，结果文件见表73-2。新转录本预测包括发现新基因和已知基因新的外显子区域，结果为GTF格式的注释文件（图73-10），基因结构优化则是对已知基因的起始和终止位置进行优化（图73-11）。

表73-1　可变剪接分析结果文件列表

AS分析结果文件名	文件内容
AS.summary.txt	可变剪接分析结果统计文件
A3SS.MATS.JunctionCountOnly.txt	只使用Junction Counts检测到的A3SS类型的可变剪接事件结果
A3SS.MATS.ReadsOnTargetAndJunctionCounts.txt	同时使用Junction Counts和reads on target检测到的A3SS类型的可变剪接事件结果
A5SS.MATS.JunctionCountOnly.txt	只使用Junction Counts检测到的A5SS类型的可变剪接事件结果
A5SS.MATS.ReadsOnTargetAndJunctionCounts.txt	同时使用Junction Counts和reads on target检测到的A5SS类型的可变剪接事件结果
MXE.MATS.JunctionCountOnly.txt	只使用Junction Counts检测到的MXE类型的可变剪接事件结果
MXE.MATS.ReadsOnTargetAndJunctionCounts.txt	同时使用Junction Counts和reads on target检测到的MXE的可变剪接事件结果
RI.MATS.JunctionCountOnly.txt	只使用Junction Counts检测到的RI类型的可变剪接事件结果
RI.MATS.ReadsOnTargetAndJunctionCounts.txt	同时使用Junction Counts和reads on target检测到的RI类型的可变剪接事件结果
SE.MATS.JunctionCountOnly.txt	只使用Junction Counts检测到的SE类型的可变剪接事件结果
SE.MATS.ReadsOnTargetAndJunctionCounts.txt	同时使用Junction Counts和reads on target检测到的SE类型的可变剪接事件结果

AS结构和表达量统计

ID	GeneID	geneSymbol	chr	strand	IJC_SAMPLE_1	SJC_SAMPLE_1	IJC_SAMPLE_2	SJC_SAMPLE_2	p-value	FDR
10935	"evm.model Scaffold 1292.9"	NA	Scaffold1292	—	840,589,273	32,310,609	371,210,668	15,8,24	0.0	0.0
11065	"evm.model. Scaffold 82.59"	NA	Scaffold82	+	3,18,14	33,79,66	36,13,15	30,2,0	0.0	0.0
4495	"evm.model. Scaffold 2344.25"	NA	Scaffold2344	—	48,46,41	94,79,126	90,160,51	3,15,55	0.0	0.0
4781	"evm,model. Scaffold 196.122"	NA	Scaffold196	+	4,0,7	19,0,37	22,6,78	3,4,4	0.0	0.0

（1）ID：AS事件编号

（2）GeneID：AS事件所在基因ID

（3）geneSymbol：基因名称，如不存在用"NA"表示

（4）chr：AS事件所在染色体编号

（5）strand：基因正负链信息

（6）IJC_SAMPLE_1：AS事件在SAMPLE_1中的表达量，生物学重复之间用逗号分隔，表达量的计算使用包含型计数（inclusion counts），SAMPLE_1，SAMPLE_2为进行差异AS分析的比较组名

（7）SJC_SAMPLE_1：AS事件在SAMPLE_1中的表达量，表达量的计算使用跳跃型计数（skipping counts）

图73-9　可变剪接事件结构和表达量统计

（8）IJC_SAMPLE_2：AS事件在SAMPLE_2（差异可变剪切分析过程中对照组）中的表达量，其他含义同（6）

（9）SJC_SAMPLE_2：AS事件在SAMPLE_2中的表达量，其他含义同（7）

（10）*p*-value：统计学差异显著性检验指标

（11）FDR：校正后的*p*值（padj=qvalue=FDR=Corrected *p*-value=*p*-adjusted），是对*p*值进行了多重假设检验，能更好地控制假阳性率。校正后的*p*值不同的几种表现形式，都是基于Benjamini-Hochberg方法进行多重假设检验得到的。校正后的*p*值不同的展现形式是因为不同的分析软件产生的。FDR是AS分析所用校正后的*p*值表示方法

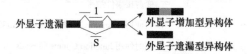

图73-9　可变剪接事件结构和表达量统计（续）

表73-2　新转录本预测分析结果文件列表

新转录本预测分析结果文件名	文件内容	新转录本预测分析结果文件名	文件内容
novelGene.gtf.xls	新转录本结构注释结果	novelIsoform.gtf.xls	新异构体注释结果
novelGene.fa	新转录本序列文件	geneStructOpt.xls	已知基因结构优化

新转录本结构注释结果（见结果文件：NovelGene/novelGene.gtf.xls）

seqname	source	feature	start	end	score	strand	frame	attributes
Scaffold1	novelGene	exon	237381	237408	·	+	·	gene_id "Novel00001"; transcript_id "Novel00001.1"; exon_number "2";
Scaffold1	novelGene	exon	239166	240410	·	+	·	gene_id "Novel00001"; transcript_id "Novel00001.1";exon_number "3";
Scaffold1	novelGene	exon	237396	237423	·	+	·	gene_id "Novel00001"; transcript_id "Novel00001.2";exon_number "1";
Scaffold1	novelGene	exon	239181	240410	·	+	·	gene_id "Novel00001"; transcript_id "Novel00001.2"; exon_number "2";

（1）seqname：染色体编号

（2）source：来源标签，这里的novelGene指新基因

（3）feature：区域类型，目前我们预测外显子区域

（4）start：起始坐标

（5）end：终止坐标

（6）score：不必关注

（7）strand：正负链信息

（8）frame：不必关注

（9）attributes：属性，包括基因编号、转录本编号等信息

图73-10　新转录本结构注释结果

6）SNP和InDel分析　　第六部分为单核苷酸多态性（single nucleotide polymorphism，SNP）和插入/缺失（insertion-deletion，InDel）分析，一般指变异频率大于1%的单核苷酸变异，以及样本基因组中发生的小片段的插入缺失。根据测序数据的比对结果，可利用Samtools等软件对每一个样本进行SNP和InDel检测，并给出其在基因组的分布、位置、突变类型和功能注释等信息。SNP分析结果见图73-12。

已知基因结构优化（见结果文件：NovelGene/geneStructOpt.xls）

Gene_ID	Chromosome	Strand	Original_span	Assembled_span
evm.model.Scaffold1.1	Scaffold1	+	41580～42190	41351～43334
evm.model.Scaffold1.100	Scaffold1	+	3040952～3077731	3038761～3077731
evm.model.Scaffold1.102	Scaffold1	－	3110591～3127297	3110591～3132806
evm.model.Scaffold1.103	Scaffold1	－	3135926～3139417	3135633～3139510

（1）Gene_ID：原注释文件中基因命名编号
（2）Chromosome：染色体编号
（3）Strand：正负链信息
（4）Original_span：原注释文件中基因起始位置至终止位置
（5）Assembled_span：转录组拼接结果中基因起始位置至终止位置

图73-11　已知基因结构优化

SNP分析结果

#CHROM	POS	REF	ALT	PHJ7	PHJ8	PHJ9	JLF1_7	JLF1_8	JLF1_11	Gene_ID	Gene name	Description
Scaffold20	17956	A	T	./.:0	1/1:0	1/1:0	./.:0	./.:0	./.:0	--	--	--
Scaffold20	20290	A	T	./.:0	0/1:0	1/1:0	./.:0	1/1:0	./.:0	--	--	--
Scaffold20	20444	T	A	0/1:0	0/0:0	1/1:0	1/1:0	1/1:0	./.:0	--	--	--
Scaffold20	21664	C	G	0/1:0	0/1:0	1/1:0	1/1:0	1/1:0	0/1:0	--	--	--

#CHROM：SNP位点所在染色体
POS：SNP位点坐标
REF：参考序列在该位点的基因型
ALT：该位点的其他基因型
Gene_ID：SNP所在基因ID
Gene name：基因名称
Description：基因描述信息

图73-12　SNP分析结果

　　7）基因表达水平分析　　第七部分为基因表达水平分析，本案例报告中利用FPKM（每百万fragments中来自某一基因每千碱基长度的fragments数目）的基因表达水平估算方法，统计了每个样品全部基因的表达水平（FPKM值），以及不同表达水平下基因的数量（表73-3，图73-13）。一般情况下，以FPKM>1为基因表达的标准。此外，还利用密度图和小提琴图（图73-14）检测了每组样品的FPKM（生物学重复取平均值）分布，以对不同实验条件下的基因表达水平进行比较。

　　8）RNA-seq整体质量评估　　第八部分为RNA-seq整体质量评估，即样品间基因表达水平相关性分析（图73-15）。主要结果为样品间相关系数热图，为检测实验可靠性和样本选择是否合理的重要指标。相关系数越接近1，表明样品之间表达模式的相似度越高。一般情况下，生物学重复样品间的皮尔逊相关系数的平方（R^2）应至少大于0.8，且同组样品间的相关性应大于非同组样品。

表73-3　基因表达水平分析结果文件列表

基因表达水平分析结果文件名	文件内容
fpkm.xls	每个基因的表达水平（FPKM值）
fpkm.stat.xls	不同表达水平区间的基因数量统计
readcount.xls	每个基因用于计算FPKM的readcount值

不同表达水平区间的基因数量统计表

（见结果文件：GeneExprQuatification/Gene Expr Quatification/fpkm.stat.xls）

FPKM Interval	PHJ7	PHJ8	PHJ9	JLF1_7	JLF1_8	JLF1_11
0～1	16900（35.40%）	16887（35.37%）	15391（32.24%）	19906（41.69%）	20603（43.15%）	17588（36.84%
1～3	7462（15.63%）	7788（16.31%）	7899（16.55%）	7199（15.08%）	7083（14.84%）	7590（15.90%）
3～15	13232（27.72%）	12903（27.03%）	14028（29.38%）	11837（24.79%）	11507（24.10%）	13029（27.29%）
15～60	8088（16.94%）	8005（16.77%）	8395（17.58%）	6599（13.82%）	6231（13.05%）	7394（15.49%）
＞60	2060（4.31%）	2159（4.52%）	2029（4.25%）	2201（4.61%）	2318（4.86%）	2141（4.48%）

FPKM Interval：FPKM区间

基因表达水平统计表（见结果文件：7.GeneFxprQuatification/GeneFxprQuatification/fpkm.xls）

Gene_ID	PHJ7	PHJ8	PHJ9	JLF1_7	JLF1_8	JLF1_11
evm. model.Scaffold 149.153	104.7915329 29357	109.312960 220507	100.325169 386653	49.2892884 715451	32.61141039 09654	90.357543 0538583
evm. model.Scaffold 4322.4	0.382724864 696122	2.11868059 909421	2.41755912 842948	0.055226093 5255407	0	0.16323207 2072575
evm. model.Scaffold 81.116	216.114925 746127	136.210573 462644	52.5123146 441894	63.21680720 32908	56.9237879 542197	124.85769 5856241
evm. model.Scaffold 106.104	1.48756425 363653	0.505281043 145533	4.56006661 949273	0.694459858 704404	0.96370914 9122548	0.06842062 90124566

图73-13　基因表达水平分析结果

9）差异表达分析　　第九部分为差异表达分析。很多转录组测序的目的即筛选出不同实验条件下表达发生显著性变化的功能基因或信号通路，因此，差异表达分析结果成为转录组测序的重点关注部分之一。差异表达分析结果置于DiffExprAnalysis/DEGsList文件夹，包括上/下调和全部的差异基因列表及序列（表73-4）。差异基因列表中（图73-16），log2FoldChange和p-adjusted两个参数可作为筛选差异表达基因的条件（一般为|log2FoldChange|＞2且p-adjusted＜0.01）；log2FoldChange可以理解为基因表达差异的倍

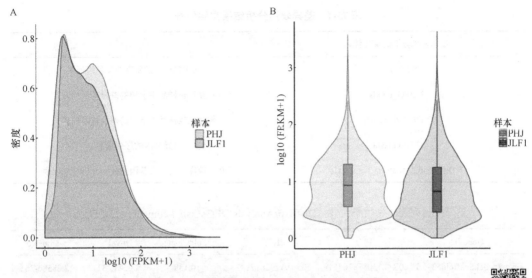

图 73-14　不同实验条件下基因表达水平比对图

A. FPKM分布的密度图；B. FPKM分布的小提琴图

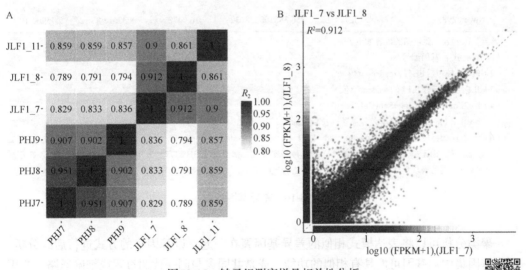

图 73-15　转录组测序样品相关性分析

A. 样品间相关系数热图；B. 样品间相关系数散点图

数，该值的绝对值越大，代表表达差异越大；*p*-adjusted 则为基因差异表达的显著性，该值越小，代表该差异表达的可信度越高。根据这两个参数，结合差异基因的功能注释信息和必要的生物学背景知识，可在差异基因列表中筛选出与实验条件改变密切相关的功能基因。

差异基因的整体分布情况可用火山图（图73-17A）表示。这些差异基因之间相互独立，直接对这些单基因进行分析，工作量较大，且容易忽略基因之间的相互作用关系，从而使推断出的生物学过程变得不可靠。因此，还需要对差异表达分析获得的基因进行系统性的整合挖掘。

表73-4 差异表达分析结果文件列表

差异表达分析结果文件名	文件内容
*.DEG.xls	相互比较样品的所有差异基因列表
*.DEG_up.xls	相互比较样品中上调的差异基因列表
*.DEG_down.xls	相互比较样品中下调的差异基因列表
*.DEG.fasta	差异基因的序列信息
*.Differential_analysis_results.xls	相互比较样品的所有基因的差异分析结果列表

差异基因列表（见结果文件：DiffExprAnalysis/DEGsList/｜compare｜.DEG.xls)

Gene ID	PHJ	JLF1	log2FoldChange	p-val	p-adjusted
evm.model.Scaffold5295.1	0.448130838764648	505.191792617187	−10.139	4.9044e-31	2.2858e-26
Novel00557	4.61155573257961	684.535237519397	−7.2137	2.282e-28	5.3178e-24
Novel00179	390.895855535223	1.7404865078792	7.8111	1.4266e-23	2.2162e-19
Novel02983	2.88692102773162	356.388190228632	−6.9478	8.3761e-23	9.7596e-19

差异基因列表主要包括的内容如下。

（1）Gene ID：基因编号

（2）PHJ：校正后 PHJ 的 readcount 值

（3）JLF1：校正后 JLF1 的 readcount 值

（4）log2FoldChange: log (Sample1/Sample2)

（5）p-value（p-val）：统计学差异显著性检验指标

（6）p-adjusted：校正后的 p 值（qvalue=padj=FDR=Corrected p-value=p-adjusted），是对 p 值进行了多重假设检验，能更好地控制假阳性率。校正后的 p 值不同的几种表现形式，都是基于 BH 的方法进行多重假设检验得到的。校正后的 p 值不同的展现形式是因为由不同的分析软件产生的

图73-16 差异基因列表

聚类分析可以将表达模式相似的差异基因聚在一起，以基因集的方式进行后续分析。同一基因集中的基因可能具有相似的功能，或是共同参与同一代谢过程或细胞通路。常用的聚类分析方法包括层次聚类（hierarchical clustering，h-cluster）、k 均值聚类法（k-means）和自组织映射（SOM）等。分析结果包括聚类热图（图73-17B），其利用不同颜色的区域表示不同的聚类分组信息，可以展示差异基因的整体聚类情况，以及差异基因聚类子集（subcluster）的相对表达量折线图（图73-17C），同一聚类子集中的基因在不同的处理条件下具有相似的表达水平变化趋势。聚类分析结果置于 DiffExprAnalysis /DEGcluster 文件夹中（表73-5），各分析方法获得的聚类子集列表存放于 DiffExprAnalysis /DEGcluster/Subcluster 文件夹中。

此外，差异分析中通常利用维恩图（图73-17D）来展示不同组样品的基因表达重叠情况，图中每个大圆圈的交叠部分表示两组之间的共有表达基因，其余两部分为该组的特有表达基因，各子集基因列表存放于 *.co_exp.txt 文件中。

表73-5　差异基因聚类分析结果文件列表

差异基因聚类分析结果文件名	文件内容
Union_for_cluster.xls	差异基因的FPKM值，作为聚类分析的依据
heatCluster.png/pdf	差异基因层次聚类热图
heatCluster.detail.pdf	差异基因层次聚类热图细节图（每个基因均可查询）
h_cluster_plots.pdf	差异基因 h-cluster 聚类
h_show_plots.png	h-cluster 前4个聚类子集相对表达量折线图
kmeans_cluster_plots.pdf	差异基因 k-means 聚类图
som_cluster_plots.pdf	差异基因 SOM 聚类图

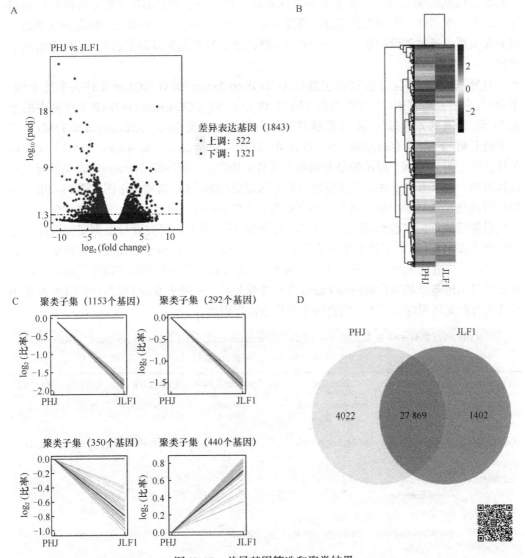

图 73-17　差异基因筛选和聚类结果

A. 差异基因火山图；B. 差异基因层次聚类热图；C. 聚类子集相对表达量折线图；D. 基因表达维恩图

10）差异基因GO富集分析　　第十部分为对差异表达基因进行GO富集分析。富集分析即利用已知的基因功能注释信息作为先验知识，对目标基因集进行功能富集，从而筛选出某一类发生差异表达的功能基因集。富集分析将海量的基因表达信息映射到关键的富集功能基因集中，有利于系统性揭示生物学问题。常用的基因注释信息数据库包括Gene Ontology（GO）、Kyoto Encyclopedia of Genes and Genomes（KEGG）等。

GO即基因本体，是2000年构建的结构化的标准生物学模型。它旨在建立一个适用于各种物种的，对基因和蛋白质功能进行限定和描述的，并能随着研究不断深入而更新的语言词汇标准，包括分子功能（molecular function）、生物学过程（biological process）和细胞组分（cellular component）三个部分。每个基因或基因产物都有与之相关的GO术语（GO term）相对应。根据实验目的筛选差异基因后，富集分析研究差异基因在GO中的分布状况，以期阐明实验中样本差异在基因功能上的体现。普通GO富集分析的原理为超几何分布，根据挑选出的差异基因计算这些差异基因与GO分类中某几个特定分支的超几何分布关系，通过假设验证得到一个特定p值，进而判断差异基因是否在该GO中出现了富集。

差异基因GO富集分析结果包括DEG_GOEnrichment/DEG_GOList文件夹中的上调/下调/所有的差异基因GO富集列表（图73-18），DEG_GOEnrichment/BAR文件夹中的上调/下调/所有的差异基因GO富集柱状图和条形图，以及DEG_GOEnrichment/DAG文件夹中的上调/下调/所有的差异基因GO有向无环图（directed acyclic graph，DAG）。GO富集柱状图（图73-19A）展示的是上调和下调差异基因在二级功能GO term的富集情况，可以体现两个调节方向下各二级功能的差异基因富集趋势。GO富集条形图（图73-19B）一般选取的是富集列表中最显著的30个GO节点（GO term）绘制而成，但这些GO term不一定最能反映不同实验组别之间生物学过程的差异，因此，研究者可根据实验设计和生物学背景知识在GO富集列表中挑选出最具有代表性的GO term绘制图表，以揭示相应的生物学问题。有向无环图（图73-19C）为差异基因GO富集分析结果的图形化展示，可以直观地显示出差异基因富集的GO term及其层级关系。一般选取GO富集分析结果的前10位作为有向无环图的主节点，颜色的深浅代表富集程度。

差异基因GO富集列表（见结果文件：DEG_GOEnrichment/DEG_GOList/｛compare｝.DEG_GO_enrichment_result_｛all/up/down｝.xls）						
GO accession	Description	Term type	Over represented p-value	Corrected p-value	DEG item	DEG list
GO:0007017	microtubule-based process	biological_process	1.5684e-17	9.8338e-14	62	1245
GO:0007018	microtubule-based movement	biological_process	2.3521e-16	7.3738e-13	39	1245
GO:0006928	movement of cell or subcellular component	biological_process	1.6991e-11	3.5512e-08	49	1245
GO:0003777	microtubule motor activity	molecular_function	2.8745e-11	4.5057e-08	30	1245

图73-18　差异基因GO富集列表

结果表格详细内容如下。

（1）GO accession：Gene Ontology 数据库中唯一的标号信息

（2）Description：Gene Ontology 功能的描述信息

（3）Term type：该 GO 的类别（cellular_component，细胞组分；biological_process，生物学过程；molecular_function，分子功能）

（4）Over represented p-value：富集分析统计学显著水平

（5）Corrected p-value：矫正后的 p 值，GO 富集分析所用校正后的 p 值表示方法，一般情况下，Corrected p-value < 0.05，表明该功能为富集项

（6）DEG item：与该 GO 相关的差异基因的数目

（7）DEG list：GO 注释的差异基因数目

图 73-18　差异基因 GO 富集列表（续）

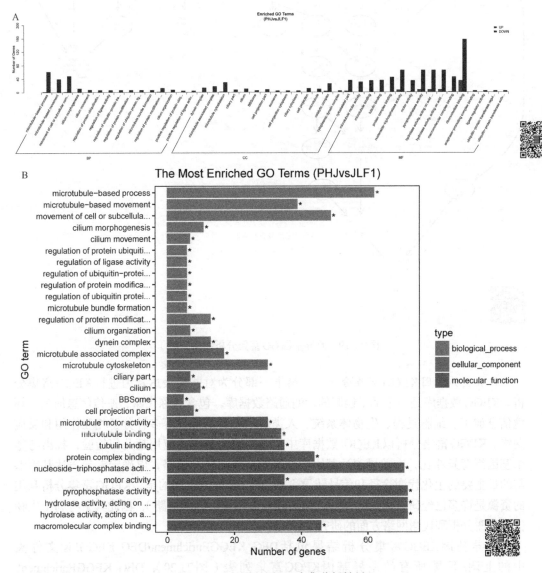

图 73-19　差异基因 GO 富集分析结果

A. 所有差异基因 GO 富集柱状图；B. 最显著富集的 GO term 条形图；C. GO 富集有向无环图，为电脑截图，只为示意

C

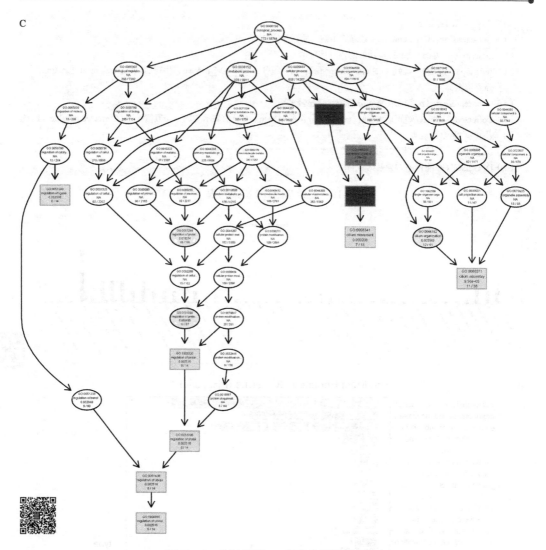

图73-19 差异基因GO富集分析结果（续）

11）差异基因KEGG富集分析 第十一部分为对差异表达基因进行KEGG富集分析。KEGG数据库是一个手工绘制的代谢通路数据库，包含新陈代谢、遗传信息加工、环境信息加工、细胞过程、生物体系统、人类疾病和药物开发等多种分子相互作用和反应网络。KEGG富集分析以KEGG数据库中代谢通路为单位，应用超几何检验，找出与整个基因组背景相比，在差异表达基因中显著性富集的代谢通路，以确定差异表达基因参与的最主要的生化代谢途径和信号转导途径。与GO分析不同的是，KEGG富集分析利用的资源是许多已经研究清楚的基因之间的相互作用（生物学通路），因此其更有利于生物体内代谢分析和代谢网络方面的研究。

差异基因KEGG富集分析结果包括DEG_KEGGEnrichment/DEG_KEGGList文件夹中的上调/下调/所有的差异基因KEGG富集列表（图73-20），DEG_KEGGEnrichment/DEG_KEGGScat文件夹中的上调/下调/所有的差异基因KEGG富集散点图，以及DEG_KEGGEnrichment/ DEG_KEGGPath文件夹中的上调/下调/所有的差异基因KEGG代谢通路图。KEGG富集散点图（图73-21A）一般选取的是富集列表中最显著的20条代谢通路条目绘制而成。图中，KEGG富集程度通过富集指数（Rich factor）、qvalue和富集到此通路上的基因个数来衡量。其中Rich factor指该代谢通路中富集到的差异基因个数（sample number）与注释基因个数（background number）的比值。Rich factor越大，表示富集的程度越大。qvalue是做过多重假设检验校正之后的p值，其越接近于零，表示富集越显著。同样，研究者也可在KEGG富集列表中自行挑选具有代表性的代谢通路绘制此图。此外，差异基因被标注到KEGG代谢通路中以查看其分布情况，如图73-21B所示。图中，包含上调基因的KO节点标红色，包含下调基因的KO节点标绿色，包含上下调的标黄色。我们可以看到，卵母细胞减数分裂（oocyte meiosis）通路中多个基因显著下调，它们可能在繁殖能力下降的杂交鱼卵巢发育过程中起到重要的调控作用。

差异基因KEGG富集列表（见结果文件：DEG_KEGGEnrichment/DEG_KEGGList/｛compare｝…all/up/down｝.DEG_KEGG_pathway_enrichment_result.xls）

#Term	Database	ID	Sample number	Background number	p-value	Corrected p-value
Progesterone-mediated oocyte maturation	KEGG PATHWAY	dre04914	26	110	3.12298143839e-07	3.81003735484e-05
p53 signaling pathway	KEGG PATHWAY	dre04115	20	73	1.0440857676e-06	6.36892318234e-05
Cell cycle	KEGG PATHWAY	dre04110	25	141	4.22938893809e-05	0.00171995150149
Cell adhesion molecules (CAMs)	KEGG PATHWAY	dre04514	20	135	0.00177254900317	0.0454064492674

结果表格详细内容如下。

（1）#Term：KEGG通路的描述信息

（2）Database：KEGG数据库

（3）ID：KEGG数据库中通路唯一的编号信息

（4）Sample number：该通路下差异基因的个数

（5）Background number：该通路下注释基因的个数

（6）p-value：富集分析统计学显著水平

（7）Corrected p-value：矫正后的统计学显著水平，KEGG富集分析所列的校正后的p值表示方法，Corrected p-value＜0.05表明该功能为富集项

图73-20　差异基因KEGG富集列表

12）蛋白质互作网络分析　　第十二部分为对差异表达基因进行蛋白质互作网络分析。蛋白质互作网络分析一般利用STRING蛋白质互作数据库中已有的蛋白质互作关系，系统研究差异基因之间的相互作用及挖掘核心调控基因。互作分析结果需要导入Cytoscape软件实现互作网络的可视化。互作网络图中节点（node）的大小与此节点的度（degree）成正比，即与此节点相连的边越多，它的度越大，节点也就越大，这些节点在网络中可能处于较为核心的位置。节点的颜色与此节点的聚集系数（clustering coefficient）相关，颜色梯度由绿到红对应聚集系数的值由低到高；聚集系数表示此节点邻接点之间的连通性好坏，聚集系数值越高，表示此节点邻接点之间的连通性越好（图73-22）。

13）差异基因的转录因子分析　　第十三部分为对差异表达基因进行转录因子分析。

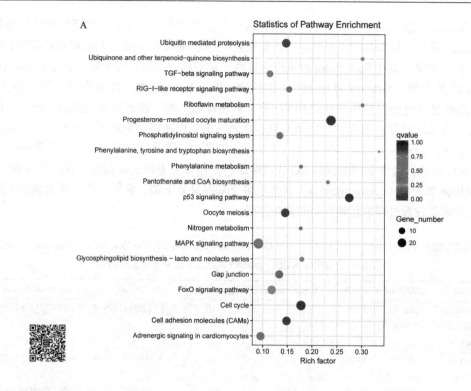

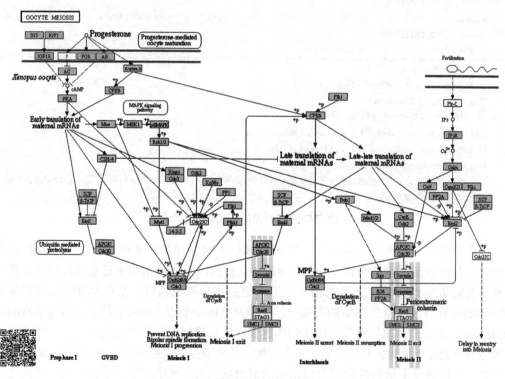

图73-21　差异基因KEGG富集分析结果

A. 差异基因KEGG富集散点图；B. 显著富集的KEGG代谢通路图，为电脑截图，只为示意

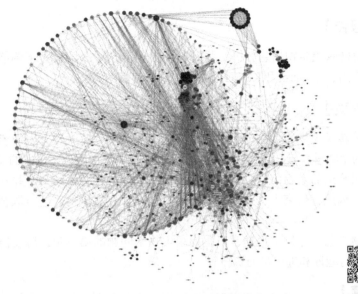

图73-22 蛋白质互作网络分析结果

转录因子（transcription factor，TF）分析一般使用转录因子数据库或保守结构域进行转录因子预测。植物转录因子预测使用iTAK软件，利用数据库中分类定义好的转录因子家族（transcription factor family）规则，通过hmmscan进行鉴定。动物转录因子预测使用animalTFDB 2.0数据库，对于数据库中已收录的物种，如果是Ensembl geneid（Ensembl数据库的基因号码）则直接筛选转录因子，对于非Ensembl geneid的基因，则通过和数据库中该物种的已知转录因子蛋白序列进行blastx筛选；对于未被数据库收录的物种，则根据转录因子家族的pfam文件，利用hmmsearch进行鉴定。转录因子分析结果中标注了基因ID、转录因子所属家族及基因注释信息（图73-23）。

转录因子分析结果（见结果文件：DEG_Trans_Factor/transcription_factor.txt）			
Gene ID	Family	Gene Name	Blast swiss prot
Novel00346	zf-C2H2	—	PREDICTED: gastrula zinc finger protein XICGF57.1-like [Danio rerio]
Novel00619	zf-C2H2	—	PREDICTED: oocyte zinc finger protein XICOF20-like [Danio rerio]
Novel00652	zf-C2H2	—	PREDICTED: gastrula zinc finger protein XICGF8.2DB-like [Danio rerio]
Novel01283	zf-C2H2	—	PREDICTED: gastrula zinc finger protein XICGF57.1-like, partial [Danio rerio]

植物
tf_ID：转录因子ID，前半部分为与该转录组因子结合的基因ID
Family：转录因子的家族名称
Type：元件类型，分为转录因子（transcription factor）、转录调控因子（transcriptional regulator）两种
Hyperlink：转录因子信息链接
其他列：基因描述信息
动物
Gene ID：转录因子基因ID
Family：转录因子的家族名称
Gene Name：基因名
最后一列：基因描述信息

图73-23 转录因子分析结果

【实验报告】

解读一份转录组生物信息分析结题报告，在分析结果中找到上/下调倍数最大的前10个差异表达基因、GO term和KEGG通路，并解释它们的意义。

【注意事项】

（1）解读转录组生物信息分析结题报告不仅需要理解每一项分析内容和结果，更需要具备丰富的生物学背景知识，才能在海量数据分析结果中筛选出候选的关键目的基因。

（2）公司给出的生物信息分析结题报告是一个模式化分析结果，并不是每一项结果都能用得到，因此，研究人员需要结合具体实验设计和需求对其进行取舍，以及更加细致的挖掘。

（3）生物信息学分析结果通常只是揭示生物学问题的第一步，后续仍需大量的实验对分析结果进行验证和进一步的解析。

【思考题】

差异表达分析结果中，上/下调倍数最大的前10个基因是不是最能揭示生物学问题的关键功能基因？

参 考 文 献

Minoru K, Michihiro A, Susumu G, et al. 2008. KEGG for linking genomes to life and the environment. Nucleic Acids Research, 36(Database issue): 480-484.

Paulino P, Diego M R, Luiz G C, et al. 2010. PlnTFDB: updated content and new features of the plant transcription factor database. Nucleic Acids Research, 38(Database issue): 822-827.

Shen S, Park J W, Lu Z X, et al. 2014. rMATS: robust and flexible detection of differential alternative splicing from replicate RNA-seq data. Proc Natl Acad Sci, 111(51): E5593-E-5601.

Szklarczyk D, Gable A L, Lyon D, et al. STRING v11: protein-protein association networks with increased coverage, supporting functional discovery in genome-wide experimental datasets. Nucleic Acids Research, 47(Database issue): 607-613.

Young M D, Wakefield M J, Smyth G K, et al. 2010. Gene ontology analysis for RNA-seq: accounting for selection bias. Genome Biology, 11: R14.

Zhang H M, Liu T, Liu C G, et al. 2015. AnimalTFDB 2.0: a resource for expression, prediction and functional study of animal transcription factors. Nucleic Acids Research, 43(Database issue): 76-81.

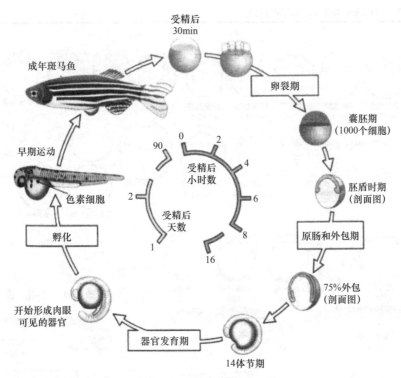

附　　录

附录 I　斑马鱼的发育时序及培养

1. 斑马鱼的发育时序

斑马鱼的生活史如附图 I -1 所示。

附图 I -1　斑马鱼的生活史[①]

附表 I -1 所示为斑马鱼早期发育的各时期。

斑马鱼的胚胎发育图谱与时序如附图 I -2 所示。

---

① 仿 Wolpert L, Beddington R, Jessell T, et al. 2002. Principles of Development. 2nd. New York: Oxford University Press.

附表 I -1　斑马鱼早期发育的各时期[①]

时期	时间/h	描述
合子期	0	新受精的卵子完成首个合子细胞周期
卵裂期	0.75	细胞周期第二次分裂至第七次分裂快速同步发生
囊胚期	2.25	快速的亚同步（metasynchronous）细胞周期（第八次分裂和第九次分裂）在囊胚中期转换中变为延长的异步（asynchronous）周期；随后外包（epiboly）开始
原肠胚期	5.25	内卷（involution）、聚合（convergence）和延伸（extension）等形态学运动形成上、下胚层和胚轴；持续到外包运动结束
体节期	10	体节、原始咽弓和神经原节（neuromere）发育；原始器官发生；开始运动；尾部出现
咽囊期	24	种系期（phylotypic-stage）胚胎；体轴由先前绕卵黄囊的弯曲状态开始伸直；循环系统、色素沉着和鳍开始发育
孵化期	48	原始器官系统完成快速形态发生；软骨在头和鳍中发育；陆续开始孵化
早幼	72	鳔膨胀；觅食及积极的躲避行为

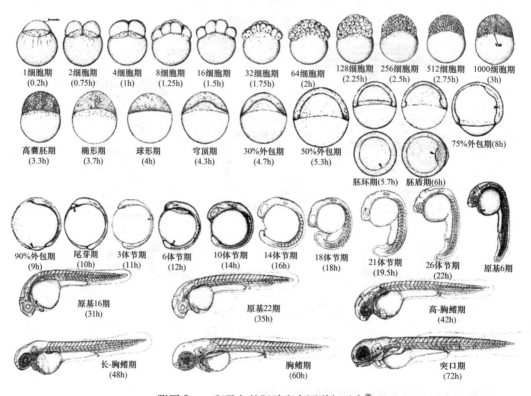

附图 I -2　斑马鱼的胚胎发育图谱与时序[②]

2. 斑马鱼的培养

1）亲鱼的培育　　斑马鱼为纺锤形，雌雄比较容易鉴别。雌鱼和雄鱼的主要区别在

①② 引自 Kimmel C B, Ballard W W, Kimmel S R, et al. 1995. Stages of embryonic development of the zebrafish. Dev Dynam, 203: 253-310.

于，雌鱼身上的条纹偏蓝色，与银灰色相间，雄鱼身上的颜色偏黄色，与柠檬色相间；雌鱼身体相对粗壮，且腹部比较膨大，雄鱼身体就比较细长，腹部比较平坦，身体相对比较扁平；雌鱼各鳍相对雄鱼要短小，但是不明显。

斑马鱼产卵要遵循光周期作用，将斑马鱼按照雌雄1：（2～3）的比例放在一起，光周期控制在光照14h：黑暗10h。水温控制在28～29℃，投喂鲜活的饵料，一般是红虫，投喂次数也要相对增加。

2）斑马鱼的繁殖　　斑马鱼为异体体外受精，繁殖周期比较短，大概为一周，产卵主要依靠温度控制，温度适宜的情况下一年四季均可产卵，产卵量一般为300～1000个，为非黏性沉性鱼卵。斑马鱼的繁殖分为自然产卵和人工授精。

（1）自然产卵：一般10～12周的斑马鱼即可达到性成熟，大规模的繁殖一般采用17～18月龄亲鱼。在繁殖暗周期前，将繁殖的雌雄亲鱼用隔板分开，到明周期时拆掉隔板，在光照的刺激下雄鱼就会追逐雌鱼，身体发生碰撞后，雌鱼产卵，雄鱼排精，要注意在缸底铺上玻璃珠以防止鱼产卵后吞食，结束后捞出亲鱼，采用虹吸的方法收集精卵，置于培养皿中用滴管吸出鱼卵（滴管的直径要大于卵的直径，以防止卵破裂），将鱼卵用培养液洗数次以后放置培养箱孵化。

（2）人工授精：一般要选用一个月没有经过人工授精且发育好的亲鱼，在取精卵前一天要准备好冰块和纱布（用来麻醉），并配制新鲜的Hank's液，第二天清晨将雄鱼在冰水中麻醉后，清洗鱼体特别是生殖孔周围，通过挤压鱼体腹部，使精液流出，用吸管收集精液后用预冷的Hank's液（可存活1.5h）稀释，还可以取雄鱼的精集在Hank's液中剪碎，效果一样。卵子的前期采集同精子，但是卵子不能沾水，否则会吸水发生膨胀，阻碍精子的进入。成熟的卵子呈黄色半透明状，如果发现较多的白点就说明卵子在体内时间过久发生了孵化，受精率会受到很大的影响。卵子取出后迅速将稀释的精子与卵子混匀，加入少量的清水或鱼用生理盐水，开始计算受精时间。

3）斑马鱼卵的孵化　　斑马鱼的胚胎发育要经过受精卵期、卵裂期、囊胚期、原肠胚期、体节期、咽部期、孵化期7个阶段。

将受精卵清洗干净后，剔除白色的死卵。水温一般要控制在25～28℃，水温过低或过高都会造成受精卵的死亡，在这个温度范围内，温度越低，孵化的时间越长，25℃时，受精卵经48～72h孵出仔鱼；水温28℃时，经36h孵出仔鱼。在孵化的过程中，为了预防鱼卵被细菌污染，可以加几滴1‰亚甲基蓝溶液，每5～6h换一次水，定期观察，及时剔除死卵。

4）斑马鱼幼体的培育　　斑马鱼幼体破膜孵出后成为仔鱼，仔鱼仅在受到刺激时才会产生应激反应，游动一段距离后又静止到水底。2～3d可以用筛绢包裹住煮熟的蛋黄在水中来回漂洗几下投喂，也可以投喂用筛绢网过滤过的动物性饵料或者配合饵料，此时投喂密度应该稍微大些，因为仔鱼的游泳能力较弱，活动范围较小，仅能摄食身边的饵料。在饵料中还应适当加入土霉素等，这样可以提高鱼苗的成活率。由于饵料容易污染水质，应该定期换水，防止水质恶化。一周以后可以投喂轮虫、酵母及一些单细胞藻类等；大约三周后可以投喂卤虫的无节幼体；一个月后可以投喂大型浮游动物如枝角类、桡足类、摇蚊幼虫等。整个斑马鱼幼体培育过程也可以都用配合饵料。注意初期应该尽量使饵料颗粒适口。

附录Ⅱ　常用生物学数据库和生物信息分析软件

常用生物学数据库见附表Ⅱ-1。

附表Ⅱ-1　常用生物学数据库

缩写	全称
核酸数据库	
NCBI	美国国家生物技术信息中心（National Center for Biotechnology Information），https://www.ncbi.nlm.nih.gov/
EMBL-EBI	欧洲分子生物学实验室核酸序列数据库（European Molecular Biology Laboratory's European Bioinformatics Institute），https://www.ebi.ac.uk/
DDBJ	日本核酸序列数据库（DNA Data Bank of Japan），https://www.ddbj.nig.ac.jp/
蛋白质数据库	
UniProt	蛋白质数据库（Universal Protein Resource），https://www.uniprot.org/
PDB	蛋白质结构数据库（Protein Data Bank），http://www.rcsb.org/
CATH	蛋白质结构与功能关系分类数据库，http://cathdb.info/
STRING	蛋白质互作数据库，http://string-db.org/
基因组数据库	
Ensemble	基因组检索数据库，http://asia.ensembl.org/
MGI	小鼠基因组数据库（Mouse Genome Informatics），http://www.informatics.jax.org/
RGD	大鼠基因组数据库（Rat Genome Databasehttp），http://rgd.mcw.edu/
SGD	酵母基因组数据库（Saccharomyces Genome Database），https://www.yeastgenome.org/
ZFIN	斑马鱼基因组数据库（The Zebrafish Information Network），http://zfin.org/
Xenbase	非洲爪蟾基因组数据库（The Xenopus Model Organism Knowledgebase），http://www.xenbase.org/entry/
FlyBase	果蝇基因组数据库，http://flybase.org/
TAIR	拟南芥基因组数据库（The Arabidopsis Information Resource），http://www.arabidopsis.org/
其他数据库	
OMIM	人类孟德尔遗传在线（Online Mendelian Inheritance in Man），https://omim.org/
KEGG	京都基因和基因组百科全书（Kyoto Encyclopedia of Genes and Genomes），https://www.kegg.jp/
GO	基因本体数据库（The Gene Ontology Resource），http://geneontology.org/
SRA	高通量测序数据库（Sequence Read Archive），https://www.ncbi.nlm.nih.gov/sra
PlnTFDB	植物转录因子数据库，http://planttfdb.gao-lab.org/
AnimalTFDB	动物转录因子数据库，http://bioinfo.life.hust.edu.cn/AnimalTFDB/#!

常用生物信息分析软件见附表 Ⅱ-2。

附表 Ⅱ-2　常用生物信息分析软件

缩写	全称及网址
BLAST	基本局部比对搜索工具，http://www.ncbi.nlm.nih.gov/BLAST/
Bioconda	生物软件管理系统，https://bioconda.github.io
Bowtie	短序列比对工具，http://bowtie-bio.sourceforge.net/index.shtml
Clustal X	多序列比对工具，http://www.clustal.org/clustal2/
edgeR	基因差异表达分析工具，http://bioconductor.org/packages/release/bioc/html/edgeR.html
Entrez	NCBI 数据库检索系统，http://www.ncbi.nlm.nih.gov/entrez/
Expasy	蛋白质组学分析平台，http://www.expasy.ch/
FastQC	测序数据质控工具，https://www.bioinformatics.babraham.ac.uk/projects/fastqc/
GENSCAN	基因预测软件，http://hollywood.mit.edu/GENSCAN.html
kallisto	免比对的基因表达水平定量工具，https://pachterlab.github.io/kallisto/
MEGA	分子进化遗传分析软件，https://www.megasoftware.net/
PAUP	基于最大简约法的系统发生分析工具，http://paup.phylosolutions.com/
PHYLIP	种系发生推演软件，http://evolution.genetics.washington.edu/phylip.html
Primer3	PCR 引物设计工具，http://www.premierbiosoft.com/primerdesign/index.html
RSEM	基因表达水平定量工具，http://deweylab.github.io/RSEM/
SAMtools	sam 和 bam 文件处理工具，http://samtools.sourceforge.net
Trimmomatic	测序数据过滤工具，http://www.usadellab.org/cms/?page=trimmomatic
Trinity	转录组测序从头组装软件，https://github.com/trinityrnaseq/trinityrnaseq/wiki
Xshell/Xftp	SSH 客户端，https://xshell.en.softonic.com/